紐約米其林餐廳不外傳的
豐盛美味
×
瘦身沙拉

簡單易學的 81 道健康沙拉
低卡義大利麵及燉飯

New York Michelin Restaurant

張世姬 著

劉小妮 譯

米其林主廚做高營養＋低熱量＋飽足感的美味沙拉、低卡料理。

Never trust a skinny chef？
不要相信苗條的主廚？

跟料理有關的名言中有這樣一句話：『Never trust a skinny chef！』

意思是說不要相信苗條或過瘦的主廚。因為主廚要試吃許多食物和食材，所以身材根本不可能是瘦的，或是苗條主廚會做出連本人都不想吃的難吃食物。但如果有不斷試吃還可以維持健康苗條的主廚呢？那個主廚的食譜不就是維持健康和瘦身的秘訣嗎？也就是說『You can trust a skinny chef！』苗條的主廚才是我們應該要信任的主廚吧？

現在開始就跟大家分享維持苗條的身材，同時還可以兼顧到健康的料理秘訣。食材的選擇、料理的方法、一天的菜單、一生的飲食習慣，請相信苗條主廚的特別食譜！

"Trust me! I'm a skinny chef!"

完美的一餐，沙拉

　　很多人對沙拉最大的誤會和偏見就是「不好吃」，還有「只靠吃沙拉是不會飽的，熱量太低會沒體力！」但會有這些想法都是因為不夠了解食材，才會對沙拉產生這些錯誤的認知。

　　提到沙拉，會想到什麼食材呢？萵苣、雞胸肉、胡蘿蔔、彩椒、義大利香醋、橄欖油……還會想到什麼嗎？只有這些食材的話，當然不可能做出每天都覺得美味的沙拉。

　　不過，只要知道更多種食材，也懂得如何搭配，並清楚各種兼顧營養的料理方法，那沙拉每天吃也不會膩，也能當作正餐。是不是覺得有點難，也很複雜？其實一點也不難！只要熟悉沙拉的基本作法，不論是誰都可以做出一盤完美的沙拉。

　　如果你發現沙拉可以這麼多變化且豐盛飽足，一定會大吃一驚！

。自序。
請相信苗條的主廚！

8 公斤的領悟！

我不是健身教練，也不是減肥專家，也不是藝人或模特兒，因工作需要必須維持好身材。只要是女生，都很在意自己的身材和外貌，一年 365 天都在調整菜單，總是希望可以維持美麗且健康的身材，我就是這樣平凡的女性而已。因此，我知道要嚴格管理飲食是一件多麼困難的事情。

我從國中時期開始，就會關心自己的外表，到了高中更是在意，同時也開始減肥。到了大學，對自己微胖的身材不滿意到極點，每天總是悶悶不樂，意志也相當消沉。因此，也是從這時候開始嘗試不正確的減肥方法。

從只吃一種食物減肥到斷食飢餓減肥法，幾乎沒有我沒嘗試過的減肥法。但經常在晚上睡前，忍受不了飢餓，就開始暴飲暴食，隔天看到自己發腫的臉，總是後悔莫及。我還去了藝人們都去過的有名瘦身中心，在那裡只能喝水、散步、運動、按摩等，體重比我預想的更快瘦下來。因為當時我的體重是 60kg，一周內就瘦到52kg。看到自己變瘦的臉，以及有生以來第一次看到自己骨感的線條，真的非常感動。當時，我心想雖然過程極為辛苦，可是只要忍受飢餓就可以瘦下來，真的太好了。

但那份快樂卻是暫時的，回到家後，每吃一餐，體重就增加 1kg，我真的受到很大的衝擊。不，應該說看到體重這樣任意減少和增加，感到非常可怕。所以我領悟到靠飢餓瘦下來的身材，要維持住真的太難了！從那天起，我就下定決心要運動。

每天有規律地運動，身體明顯感覺不同了。身材變得苗條美麗，同時也充滿活力和精神，真的感到很愉快。當我在鏡子中看到自己夢寐以求的身材時，心中欣喜不已！那時候，我也下了這樣的決心，「我要一直規律地運動，這樣每天照鏡子時，都會很開心！」

健康的吃，一定要吃才是常識！

就這樣運動三年之後，我清楚的知道單靠運動是不可能擁有美麗且健康的身材。當時，我正在美國留學，也如當初的決定那樣規律地運動。因此，體重是沒有增加，但是很奇怪的是小腹會突出，皮膚也變得粗糙了，明明沒有做什麼事情也很容易感到疲累。只是吃頓飯而已，也會無精打采到連拿起叉子都懶，只想躺在床上休息。

「是不是我的飲食習慣有問題？」因為在國外生活的壓力，我總是吃高脂肪的肉類、培根或香腸等偏鹹的加工肉品，或是攝取過多碳水化合物，身體才會容易感到疲累。對我而言，比起美麗的身材，現在更重要的是要讓身體變得健康。

從那天開始，我開始吃可以充分提供身體所需營養的健康食物，特別是營養均衡的沙拉也是每餐都吃。從那之後我不只是瘦了下來，連皮膚的光澤都變得更好。當然也不會再一直感到疲累，因為我自身體驗到這種美好且健康的變化，所以我很確信一點：「不是為了減少體重，是要為了健康而吃，一定要正常的吃！」

紐約人氣餐廳提供的奇蹟食譜！

從「一定要多吃蔬菜和好的蛋白質！」這是大家都知道的基本常識出發，學習健康的料理，就可以讓健康的選擇（Healthier Choice）變得更加有可能。其實，這也是我決心要學習料理的契機。因為想要吃得健康，但是我知道的沙拉食材只有萵苣和義大利醋等，所以為了可以吃得更豐富，就一定要更加了解食材和料理方法。可是，開始接觸許多食材和學習料理方法之後，就遇到了許多問題。例如：這種食材很好吃，可是對身體不好；那道菜很好吃，可是油放太多了，對身體不好…等等。所以我想這個世界上應該沒有「好吃又健康的食物吧」。

但就在那時候，我偶然去了曼哈頓最健康的餐廳。那就是不用奶油和牛油，也不使用油炸料理，但仍然可以做出好吃的食物，甚至還入選為米其林餐廳的「Rouge Tomate」！我在這家餐廳獲得工作的機會，接觸到各式各樣的料理方法和食譜，終於知道「好吃又健康，而且簡單易學的」健康食物是確實存在的。

　　回到韓國之後，我就把在紐約人氣餐廳學到的秘密食譜換成我們當地的食材，並調整口味。同時研究更簡單、更讓人愉悅、好吃又健康的食譜。為了健康要忍受不好吃的食物，這太過殘忍了。我們需要把不合胃口的無脂肪、無鹽、無碳水化合物的可怕低卡路里食材換成健康的食材（Healthier Ingredients；低脂肪肉類、不飽和脂肪、複合碳水化合物），並健康地做成好吃的食物。以這個為方針研究出來的食物出現在標榜健康餐廳的「Novel Café & Healthy Dining」，其結果是相當成功的！許多人對於可以吃到健康且美味的料理忍不住感到驚奇和喜悅。因此，我也同時開了料理教室並上電視節目介紹，把這個「健康食物也很美味」的事實告訴更多人。在這本書中收集了我在這段時間研究並展現出來的所有成果。

　　好了，那現在你準備好要來看我的料理秘訣了嗎？

張世姬

◦ CONTENTS ◦

PART 3
運動前後，補充蛋白質豐富的沙拉

PART4
肚子餓的時候，帶來飽足感的沙拉

PART 5
疲累的時候，療癒心靈的爽口沙拉

PART6
減肥時最適合吃的豐盛海鮮沙拉

PART 7
主廚特製美味低卡的義大利麵、義大利燉飯和豆排

食譜的使用說明

這本書沒有特別標註的話，
都是以一人份為標準，
只有 PART 1 的油和醋是 4~5 人的份量。

「Optional」是指如果有的話很好；但沒有也不會影響沙拉味道的材料。
在料理過程中，如果你有的話，就跟著放；
沒有的話，下次再嘗試加入看看。

1 茶匙是 5ml，
1 大湯匙是 15ml，
1 杯是 240ml。

EVOO 是指特級初榨橄欖油。
（Extra Virgin Olive Oil）

all about dressing

◦ PART 1 ◦

沙拉醬

　　沙拉被認為不好吃的原因之一，是因為食材中含有太多水分。料理的基本概念是透過熱氣把食材的水分排除後，來提高食材的美味。但是，沙拉卻是相反。沙拉是蔬菜、水果等水分含量高的食材，並且大部分都是採用生食的方式，所以每種食材的味道混在一起後，味道就變得更淡了。透過這種稀釋方式做出來的沙拉味道，就是大家覺得「不好吃」的原因。把這種平淡無趣的沙拉，變成風味十足的餐點，就是調味醬。

▶ 使用好的密封罐，可以幫助食材保存。厝內密封罐上蓋可記錄保存期限，避免忘記，珍惜不浪費。
厝內密封罐 300ml：NTD$380、600ml：NTD $420、
1100ml：NTD $480、1900ml：NTD $520

MAKING A HEALTHY DRESSING.1

Oil 油

沙拉醬的核心角色是油（Oil）和醋（Vinegar）。其中，油更是在食物調味中扮演重要的角色。當然，油因為高卡路里的關係，也經常被認為是減肥的敵人。但是，身體如果沒有攝取到適量脂肪，營養供給就會不順，進而導致身體自動儲存脂肪，減少體脂肪的瘦身計劃當然也會失敗。減肥的核心秘訣，是要調整油的種類和攝取量。只要正確瞭解油的性質和用途，並適量使用，就可以做出更加健康且美味的沙拉醬。

食用油 Cooking Oil

選擇食用油的時候，要注意的是發煙點。所謂的發煙點是指油加熱到冒煙的溫度，當溫度超過冒煙點的時候，除了食材的味道會變質，也會產生對人體有害的化合物。

當油的發煙點超過 200℃的時候，就適用於以炸物為主的加熱料理。這樣的方式可以提煉出食材的美味和香氣，同時還可以保留食材的原味。芥花籽油、玉米油、葵花籽油、葡萄籽油等都屬於這一類。

相反地，也有些油是發煙點低，但是油本身就很美味，直接吃是最好的。最具代表的就是具有獨特風味的特級初榨橄欖油（Extra Virgin Olive Oil，簡稱 EVOO）。以及含不飽和脂肪酸的堅果類油，本身特有的香氣很濃，直接淋在沙拉上，就可以做出一盤別具風味的堅果風味沙拉。韓國的芝麻油和紫蘇籽油也很適合用於沙拉。

浸泡油 Infused Oil

就像在熱水中泡茶葉後，再來品嘗那樣，在油中放入各種材料後，也可以享受各種不同的味道和香氣，這就是浸泡油，也叫香味油。在食物中加入幾滴油，就可以讓料理更加美味和健康。具有香草味道和香氣的香草油，以及用水果皮泡出清爽口味和香氣的柳橙油都是代表性的浸泡油。特別是色彩鮮明的綠香草油也是一種視覺上的享受。

只要浸泡在消毒過後的密封容器或瓶中，放在冰箱冷藏兩周後，就可以食用了。因此，不要覺得麻煩，一定要試試看。在下一頁，我們會介紹各種浸泡油的做法。

還有無法自己做，要用買的浸泡油，那就是松露油（Truffle Oil）。松露是很昂貴的食材，可以讓油含有松露蘑菇的美味和香氣。在食物上稍微加入松露油，就可以讓料理味道變得與眾不同。特別是有蘑菇的沙拉、湯、義大利麵或義大利燉飯，加入松露油後，可以更加享受蘑菇的美味。松露油可以在超市直接買到，請一定要吃看看。另外，食物加熱後，食物的美味和香氣可能會消失，在料理完成後，滴上幾滴油也是很好的方法。

▶ 好的油醋瓶，讓你製作沙拉更方便。
JIA Inc. 家當 囍相逢油醋瓶
／ 商品詳情洽 JIA PLUS

White Herb Oil
白色香草油

把百里香、迷迭香、牛至、鼠尾草等有枝葉的厚葉香草或小葉香草，像泡茶葉那樣
浸泡在油裡，讓香草的美味和香氣融入油中，就可以做出白色香草油。

材料
基礎油（味道不重的食用油）、新鮮的香草

百里香油　基礎油 150ml ＋ 百里香 2 枝
迷迭香油　基礎油 150ml ＋ 迷迭香 2 枝
牛至油　基礎油 150ml ＋ 牛至 1 枝
鼠尾草油　基礎油 150ml ＋ 鼠尾草 2 枝
羅勒油　基礎油 150ml ＋ 羅勒 1/2 枝
龍蒿油　基礎油 150ml ＋ 龍蒿 1/2 枝

作法
1： 在鍋內放入油和香草後，用小火約煮 5 分鐘。
2： 當香草葉周圍開始產生小小氣泡時，就要關火並讓其冷卻。

主廚小提醒
ノ 初榨橄欖油和味道不重的食用油用 1：1 或 1：2 的比例攪拌後，作為基礎油來使用
也很好。
ノ 把香草放入基礎油之前，先用刀背輕輕拍打的話，可以讓味道和香氣更容易融入油
中。
ノ 羅勒和龍蒿的枝不要切掉，直接跟葉子一起使用。
ノ 基礎油 2 大湯匙也可以搭配絞碎的新鮮香草 1/2 茶匙，或是絞碎的乾燥香草 1/4 茶匙。

Green Herb Oil
綠色香草油

把羅勒、薄荷、香芹、蒔蘿等葉子嫩但顏色較深的香草磨碎後來使用。
連香草的顏色也可以一併展現出來。

材料

基礎油（味道不重的食用油）、新鮮的香草

羅勒油　基礎油 240ml ＋ 羅勒 40g

薄荷油　基礎油 250ml ＋ 薄荷 40g

香芹油　基礎油 250ml ＋ 香芹 40g

蒔蘿油　基礎油 250ml ＋ 蒔蘿 40g

蝦夷蔥油　基礎油 250ml ＋ 蝦夷蔥 40g

作法

1： 把香草葉摘下來，在煮開的鹽水中稍微燙過後，就放入冰水中冷卻。

2： 香草葉的水氣都排出去，跟基礎油一起放在攪拌機內均勻攪拌。

3： 最後，再用棉布過濾。

主廚小提醒

✎ 香草在煮開的水中燙過的目的是為了維持香草鮮豔的綠色。羅勒燙 20 秒、薄荷燙 10 秒、香芹燙 40~50 秒、蒔蘿約燙 1 分鐘。只有蝦夷蔥不要燙，直接跟油攪拌。

✎ 羅勒和香芹的枝也一併使用的話，可以讓味道和香氣更濃烈。這時候，香草枝需要燙 1 分鐘。

Citrus Oil

柑橘油

材料

基礎油（味道不重的食用油）、柑橘類的水果
檸檬油　基礎油 120ml + 檸檬皮 2 顆
萊姆油　基礎油 120ml + 萊姆皮 2 顆
柳橙油　基礎油 120ml + 柳橙皮 1/2 顆

作法

1：把水果洗乾淨之後，剝皮或用削皮器把外皮薄薄地削下來。
2：在瓶中放入水果皮和油，一天之後就可以過濾。

主廚小提醒

＼　水果皮內側的白色部分是有苦味的。在削皮時，一定要小心，只削外皮使用。

Citrus Vanilla Bean Oil

柑橘香草豆油

材料

柑橘油 120ml、香草豆 1/2 個

作法

1：把香草豆切半後，挖出籽。把籽和外皮一起放入柑橘油內。
2：在常溫或溫暖的地方放置 1~2 小時就可以。

Curry Oil

咖哩油

材料

基礎油 240ml、磨碎的大蒜 1 瓣、咖哩粉 1 大湯匙、
月桂樹葉 1 片、百里香 1 枝

作法

1： 在鍋內放入油和大蒜後，用中火炒，接著放入咖哩粉後，再炒 1 分鐘。
2： 把基礎油、月桂樹葉、百里香也放入後，用小火繼續加熱 5 分鐘。
3： 放置常溫下，冷卻之後，用棉布來過濾。

Garlic Oil

大蒜油

材料

基礎油 120ml、磨碎的大蒜 1 ½ 大湯匙、磨碎的香草 1 茶匙（迷迭香、百里香等）

作法

1： 在鍋內放入油、磨碎的大蒜和香草之後，用中火炒 2~3 分鐘。
2： 等大蒜的香氣充分炒出來後，倒入基礎油，用小火繼續加熱 10 分鐘。
3： 放置常溫下，冷卻之後，用棉布過濾掉大蒜和香草。

Chili Oil

紅番椒油

材料

基礎油 120ml，紅番椒片（註1）1 茶匙、乾辣椒 1 個

作法

在乾燥的鍋內放入紅番椒片後，先稍微炒一下。接著放入基礎油和乾辣椒，並用小火加
熱 3~4 分鐘。放置常溫下，冷卻之後，直接裝在容器內，放在清涼處保存就可以。

註 1: 紅番椒是一種墨西哥菜用的調味料，將紅番椒曬乾後磨成粉或片的紅色辣椒調味料，在烹調料理中增添
風味及香氣。在賣場或超市皆可購得。

醋跟油一樣都是沙拉醬核心角色。水分過多的沙拉食材中加入醋，能讓味道平淡無味的沙拉變得更加美味。沙拉醬的醋可以讓沙拉的口味有更多變化，讓沙拉變得更好吃，換句話說，是醋決定了沙拉是否美味。食醋的種類多到數不盡，在這裡介紹沙拉中最常使用的幾種食醋。

巴薩米可醋 Balsamic Vinegar

這是味道甜濃且清雅的代表性沙拉食醋。是把葡萄汁熬過之後，放入木桶內長期發酵製成的醋。

酒醋 Wine Vinegar

有白酒醋、紅酒醋、蘋果酒醋、雪莉酒醋、米醋等。根據酒的種類，可以做出各種味道的醋，挑選時也成為一種樂趣。

浸泡醋 Infused Vinegar

食醋也可以跟不同材料混合後，做出味道多變的醋。跟油不同，醋基本上可以跟所有材料混合。從現在起，把所有食材的各種風味都加到醋內來做出各種美味的食醋，同時也可以讓菜單變得更多元且健康。在下一頁，我們會介紹各種浸泡醋的作法。

白醋 White Vinegar

蒸餾食醋的一種。因為酸度很高，一般用於醃製菜。

可以代替醋的健康酸味 HEALTHY ACID

檸檬、萊姆、柳橙、葡萄柚、石榴等都是代表性的健康酸味之一。味道和香氣雖然沒有像醋那樣強烈，但因帶有本身的水果味，所以跟很多食物都能搭配，對於減肥也很有效果。

優格是隱藏版的沙拉醬。優格可以幫其它食材提味，也可以讓味道變得更多元。因此，在西方料理中，優格已經不再是餐後點心，而常常被使用在主餐中。特別是經常代替油、美乃滋、生奶油、鮮奶油等來使用。

Herb Vinegar

香草醋

把香草的清香融入食醋中，根據香草的味道和香氣，還有食醋的香氣和顏色，
香草和食醋可以變化出無數的香味。

材料

喜歡的醋（白醋、紅醋、巴薩米可醋等）150ml、
葉子較厚或葉子較小的香草 3 枝、
（迷迭香、百里香、牛至、鼠尾草、龍蒿等）
葉子嫩的香草 1/3 杯
（薄荷、蘋果薄荷、芫荽等）

作法

把喜歡的醋和香草放在鍋內加熱煮沸之後，在常溫下冷卻。

主廚小提醒

🖊 迷迭香、百里香、牛至、鼠尾草跟酒醋很搭。迷迭香白醋和百里香紅醋是主廚推薦
的組合。

🖊 百里香和芫荽等香草跟沒有顏色的醋比較搭，也不需要過濾。但如果一次做很多，
且又放很久之後才要吃的話，最好先過濾之後再來保存。

▶ 推薦可用於搗碎香料的好幫手。
JIA Inc. 料理 碾 / 商品詳情洽 JIA PLUS

Fruity Vinegar
水果醋

水果的甜味和食醋的酸味是相當完美的搭配。
推薦的組合有米醋（玄米食醋）搭配鳳梨或李子，
香檳醋配草莓或樹莓，紅醋配石榴或葡萄。

材料

喜歡的醋（白醋、酒醋、巴薩米可醋等）約 1/2 杯、
喜歡的水果（李子、鳳梨、草莓、葡萄等）約 1/4~1/3 杯

作法

1： 把水果切成小塊裝在瓶中，再倒入食醋直到蓋過水果。
2： 如果水果會浮在食醋上面，可以在水面上蓋上保鮮膜蓋讓水果完全泡在食醋內。
3： 冬天的時候，放在室內的陰涼處；夏天的時候則放在冰箱裡，浸泡時間短則一天，
長至 3~4 天就可以。
4： 把水果過濾後就可以食用。

主廚小提醒

ꜱ 水果食醋和香草食醋再次搭配後，可以做出香草香料的水果醋（Fruit Herb Spice
Vinegar）。在鍋內倒入食醋後，開始加熱直到沸騰。等蒸氣散開且冷卻後，放入喜
歡的水果、香草和香料來搭配就完成了。

ꜱ 草莓配薄荷、檸檬配百里香等，可以根據自己的口味及想使用的材料來組合。發揮
無限的想像力，做出屬於自己的浸泡醋吧。

Stock 湯料

　　湯也是非常實用的沙拉醬，因為可以代替高卡路里的油，所以也是低卡路里減肥沙拉醬的核心角色。通常食醋 1：油 2~3 是沙拉醬的基本比例。這時候，把油的 3 分之 2 的量改成湯的話，就可以同時降低脂肪攝取量和卡路里。

　　湯可以提早做好備用，要食用時也可以簡單地做。含有蛋白質的肉汁跟紅酒一起熬煮後，就可以做出好吃的湯料。

　　那麼，讓我們一起來看瞭解一下不只是用於沙拉醬，也可以用於燉飯、湯品、沾醬等各種料理的湯料作法吧！

雞湯・牛骨湯

材料（4~5 杯）

雞肉或牛骨 1kg、蔬菜（紅蘿蔔、洋蔥、芹菜等）150g
香草（胡椒、月桂樹葉、百里香、香芹等）少許、水 6 杯

作法

1： 蔬菜切成一樣的大小。
2： 把牛骨上的脂肪去除後，放在加入油的鍋內用炒的方式煮熟。等骨頭變成褐色之後，放入蔬菜再炒 5 分鐘。
3： 把水和香草放入後，用大火煮至沸騰，再用中火續煮 30~40 分鐘。
4： 把湯料撈出來，等湯冷卻且表面浮出油後，就把油撈出來。

鮮魚高湯

材料（2~3 杯）

內臟清乾淨的鮮魚骨頭 500g、
蔬菜（洋蔥 1/2 個、紅蘿蔔 1/3 個、芹菜 1 小把、大蔥 1 根等）60g、
白酒 1 杯、香草（胡椒、月桂樹葉、百里香、香芹等）少許、水 3 杯

作法

1: 在鍋內放入魚骨後，炒 10 分鐘。接著，放入已經切成丁的蔬菜後，再炒 10 分鐘。
2: 倒入白酒、水、香草後，用中火續煮 30~40 分鐘。
3: 把湯料撈出來，放在陰涼處冷卻。上面浮出油後，就把油撈出來。

主廚小提醒

貝類海鮮湯頭用相同重量的海鮮外殼（蝦、螃蟹、貝殼類、龍蝦等）來代替魚骨，在加入水和白酒之前，先倒入番茄醬 20g 稍微炒一下。

蔬菜高湯

材料（4 杯）

蔬菜（洋蔥、大蔥、芹菜、紅蘿蔔、白蘿蔔、番茄、大白菜等）130g、大蒜 1 瓣、香草（胡椒、月桂樹葉、百里香、香芹等）少許、水 4~5 杯

作法

1: 把白蘿蔔、蔥、紅蘿蔔、芹菜、蘑菇等蔬菜切成一樣的大小。
2: 把切好的蔬菜和大蒜一起放入鍋內炒 5 分鐘，接著倒入水和香草，用中火煮 40~50 分鐘。
3: 把湯料撈出來，等湯冷卻且上面浮出油後，就把油撈出來。

蘑菇高湯

材料

香菇、蘑菇的根部或蘑菇切片、水適量（蘑菇的 2~3 倍）

作法

1: 在鍋內放入蘑菇和水來煮。
2: 水沸騰之後，蓋上鍋蓋，並用小火繼續煮 30 分鐘至 1 小時。

沙拉醬的基本介紹

🍶 油 + 醋 = 基本的油醋醬（Basic Vinaigrette）

即使只有油和醋也可以做出好吃的沙拉醬。油和醋以 3:1 的比例攪拌後，加入鹽和胡椒，就可以做出基本的調味醬了。這個以油為基底的沙拉醬，也就是油醋醬，還可以加入各種各樣的材料來做出更多樣的沙拉醬。

🍶 油 + 醋 + 各種材料 = 油醋醬變奏曲（Vinaigrette Variation）

在基本的沙拉醬上加入大蒜、生薑、洋蔥、香草、堅果類等就可以產生很多變化。除了可以保有基本沙拉醬的清爽口感，還可以品嘗到各種材料特有的美味和香氣，這就是更具風味的油醋醬變奏曲。

🍶 油 + 醋 + 乳化劑（Emulsion Agent） = 乳化型沙拉醬（Emulsified Dressing）

這是讓不太容易混在一起的油和醋彼此不分離而加入乳化劑的沙拉醬。如果說油醋醬是透明的液體，那乳化型沙拉醬就比較接近濃度高的醬。蛋黃和芥末是最具代表性的乳化劑。除此之外，還可以加入蔬菜和水果等來一起做出好吃的乳化型沙拉醬。

🍶 油 + 醋 + 湯料或優格 = 瘦身沙拉醬（Skinny Dressing）

基本沙拉醬中使用的油，其中一部分用優格或湯料來代替的話，就可以做出更健康且卡路里也更低的沙拉醬。加入優格的話，可以減少油的用量。用湯料替代一部分油的用量的話，可以讓沙拉醬變得更美味。

適合各種沙拉的醬料

**卡路里低 1/3 ·
美味 3 倍
瘦身沙拉醬**

萊姆湯料沙拉醬
P. 159

檸檬醋湯料沙拉醬
P. 161

紅酒醋湯料沙拉醬
P. 169

檸檬湯料沙拉醬
P. 081

紅番椒萊姆湯料沙拉醬
P. 093

**適合蛋白質 /
肉類的沙拉醬**

酪梨沙拉醬
P. 097

萊姆芫荽優格
P. 089

檸檬咖哩油沙拉醬
P. 094

迷迭香醋沙拉醬
P. 091

迷迭香松露油
沙拉醬
P. 087

美乃滋優格
P. 095

藍起司優格
P. 085

白酒蜂蜜
芥末優格
P. 083

咖哩優格
P. 090

松露油沙拉醬
P.084

彩椒沙拉醬
P.105

香草沙拉醬
P.099

香草醋醬
P.101

醬油芝麻油沙拉醬
P.156

萊姆醬油沙拉醬
P.149

萊姆芒果醬
P.150

適合搭配海鮮
的沙拉醬

萊姆洋蔥沙拉醬
P.173

萊姆優格醬
P.151

檸檬薄荷沙拉醬
P.152

檸檬柳橙沙拉醬
P.177

檸檬蝦夷蔥優格
P.155

巴薩米可醋醬油
沙拉醬
P.153

石榴萊姆沙拉醬
P. 157

辣優格
P. 171

簡易檸檬沙拉醬
P. 167

柚子醬油沙拉醬
P. 148

柚子辣椒根沙拉醬
P. 163

葡萄柚沙拉醬
P. 175

生薑核桃沙拉醬
P. 179

番茄醬
P. 165

適合水果・蔬
菜的沙拉醬

堅果醬
P. 077

烤番茄沙拉醬
P. 140

蒜烤彩椒沙拉醬
P. 075

紅酒巴薩米可醋醬
P. 135

檸檬沙拉醬
P. 144

檸檬香草沙拉醬
P. 055

檸檬百里香油沙拉醬
P. 127

迷迭香巴薩米可醋醬
P. 059

迷迭香油沙拉醬
P. 065

醃漬沙拉醬
P. 069

薄荷油沙拉醬
P. 126

薄荷優格
P. 049

羅勒油沙拉醬
P. 139

羅勒優格
P. 067

甜菜根柳橙沙拉醬
P. 057

甜菜根優格
P. 133

蘋果醋檸檬油
沙拉醬
P. 137

石榴沙拉醬
P. 071

菠菜醬
P. 051

柑橘薄荷優格
P. 145

簡易檸檬油沙拉醬
P. 048

柳橙香草沙拉醬
P. 053

柳橙咖哩優格
P. 073

橄欖優格
P. 060

紅酒香草優格
P. 131

百里香紅酒醋沙拉醬
P. 063

百里香迷迭香沙拉醬
P. 143

百里香醋沙拉醬
P. 141

番茄羅勒醬
P. 061

適合穀物・
碳水化合物的
沙拉醬

檸檬松露油沙拉醬
P. 111

雪莉醋沙拉醬
P. 109

蘋果酒蜂蜜沙拉醬
P. 110

小黃瓜優格
P. 183

「每天」「簡單」做沙拉的方法！

　　很多人還沒開始做沙拉之前，就覺得過程應該很繁瑣及複雜，所以很懶得自己動手做。其實，比起在超商買現成的沙拉，只要在家裡花 10 分鐘，就可以吃到新鮮無添加物的美味沙拉，只要記住以下幾個秘訣，自己在家嘗試自製沙拉吧！

事先準備好大量食材，料理時可以更簡單快速！
　　不管是多好吃的食物，如果不能簡單準備且快速就能享用的話，就很難持續自己下廚。因此，為了可以在 5~10 分鐘之內可以做好一餐，需要事先做好準備。根據食材新鮮度的保存時間，事先準備好 4~5 餐的份量。先把蔬菜切成適合吃的大小或是先煮熟分裝保存。肉類、穀類或豆類也可以先煮好，沙拉醬的保存時間特別短，所以一次準備好 5~6 餐的用量即可。如果材料都先備好，用餐前只需要加熱跟攪拌，就可以馬上裝盤享用了。

簡單地計量！
　　有的食材是必須準確的計量，但有些食材是不需要特意測出精準用量的。當調味醬、沙拉醬、果醬或湯料等材料攪拌在一起時，就必須準確的計量才可以調配出好吃的味道。但是像蔬菜、水果或蛋白質等食材，即使切出來的大小有些許差異，也不會影響味道，這時候就不需要花時間去精準的計量。當你已經非常熟練時，其實就可以用眼睛目測，或用手來抓大約份量，這樣也能減少準備食材的時間。

發揮創意！
　　應該有人曾因為食譜中要用的食材，正好家裡的沒有就直接放棄不做，或是

為了沒有的食材而特地花時間去採買，因為覺得自己做料理實在太累，就寧願買外食更方便。但是，不一定要使用食譜中的食材才可以做出美味的沙拉，只要好好利用家中既有的食材，把缺的食材換成味道或性質差不多的食材就可以，說不定就因此做出新的創意美味料理，所以就放心大膽的嘗試吧！

工具就是我的力量！

如果有專業的料理工具，可以讓料理過程變得更便利順暢，複雜的食譜也可以變得簡單有趣。這裡介紹幾個做沙拉時很好用的工具，而且在賣場或網路上就可以買到。

❶ **生菜沙拉脫水濾水器（蔬菜乾燥器）**：蔬菜洗好之後，把水濾乾是必須的，這是可以簡單快速去除水分的工具。

❷ **削皮器**：可以輕鬆地把柑橘類水果皮削下來的工具。

❸ **食物切片器（食物處理器）**：可以簡單地把食材切成各種形狀或大小的工具。

❹ **水果刀**：如何挑選適合自己的刀具？

· 依據使用目的挑選：每種刀型都有其適合的用途，挑對刀子才能事半功倍。

· 選對材質：好的鋼材經過適當的熱處理後，具有耐磨耗、防鏽抗腐蝕等特性，反之則否，影響使用效果。

· 實際體驗：刀子的重量、重心及長度比例都與持刀人的身型有關，細微的差異皆影響使用上的順手度，購買前應試握感受。

▶ 曆內水果刀 / NTD $1380

把沙拉做得更「好吃」的方法！

親近食材！

　　要多親近食材，去市場的時候，不要只買認識的食材。不要害怕沒吃過或沒看過的食材，品嚐過味道之後，也許你就會愛上它！所以要對新食材抱持好奇心，這樣就能把令人厭煩的減肥健康食譜，變得更加多樣化和有創意。

跟計量一樣重要的削切！

　　沙拉內的所有食材最好都切成一樣的大小。因為沙拉是把許多食材攪拌後裝在同一個盤子上，也就是說可以一口吃進去所有食材的方法是吃沙拉的「正確」吃法。因此，食材切成一樣的大小，才有可能一次吃到，也才可以同時吃品嚐到所有味道。特別是炒過或蒸過食材，切成一樣大小是很重要的，這樣食材才可以充分地煮熟和入味。

用量的均衡！

　　根據味道和香氣來調整食材的用量。洋蔥、大蒜、生薑、辣椒、紅蔥等味道和香氣較重的食材，要切得細和薄。因為即使放很少的量，食材的味道也會充分的散發出來。而松露油或芝麻油，戈爾根佐拉（Gorgonzola）起司或羊奶起司（goat cheese）等味道和香氣強烈的食材，也是要切小片一點，這樣才能跟其他食材均衡搭配。

自己要覺得好吃！

　　不論是為了健康或為了減肥而做的料理，只要符合自己口味的就是最好吃的料理。每個人的口味都是很主觀的，所以不需要每次都跟食譜一模一樣的做出料理。當然料理方法或順序等都要以食譜為基準，但食譜中的食材種類和用量，在不破壞食物整體味道的前提之下，要盡可能配合自己的口味來調整嘗試。

裝飾餐桌讓料理更美味！

　　將餐桌稍微佈置一下，除了讓自己的心情更好，也能更愉快的享受美味料理，推薦一些實用的佈置工具給大家。

▶ 美麗家居《兔子白日夢》純棉餐廚毛巾 / NTD$200

▶ 美麗家居 金屬絲紋餐墊 / NTD$220

▶ 美麗家居《淺藍月桂葉》防水桌巾 / NTD$500

morning salads

○ PART 2 ○

早餐，來盤充滿活力營養的
簡單沙拉

　　早餐可以說是一天中最重要的一餐。因為除了填飽前一晚的空腹，還可以補充一整天活動所需要的能量。不過，解除飢餓感的同時，也要注意到營養的補充。如果只是單純地填飽肚子，會產生不舒服的感覺，反而成為阻礙。因此，讓我們做一份可以吃飽但身體又不會有負擔，同時還補充到活力和能源，讓一整天都擁有輕盈感覺的早餐簡單沙拉吧！

Simple Green Salad

簡易綠沙拉

這種沙拉可以説是最基本的沙拉了。因此，只要稍微變化一下材料或多加點其它食材就可以變出各種口味的沙拉。這種沙拉搭配多種蔬菜，不僅吃得開心，看起來也很美味。

材料

胡蘿蔔、甜菜、小黃瓜、黃瓜、蘿蔔、茄子、蘆筍等各種蔬菜適量，鹽和胡椒少量，嫩菜葉 2 小碟，香草少許。

🌀 **簡易檸檬油沙拉醬**

檸檬汁 1 湯匙，柑橘油（P.25）2 湯匙，鹽和胡椒少量

作法

1 把各種蔬菜洗乾淨後瀝乾。蔬菜葉剝成一口吃的大小，其它類型的蔬菜則用刀切成薄片，且厚度要跟蔬菜葉差不多。這樣才可以把各種蔬菜巧妙地組合。

2 在盤子內先把沙拉醬攪拌均勻。

3 接著放入蔬菜和嫩葉來攪拌，也加入鹽和胡椒來調味。再把沙拉裝盤，裝飾上香草就完成了。

主廚小提醒

🍴 像南瓜跟茄子等蔬菜有些人可能不敢直接吃，可以切成小薄片，吃吃看蔬菜原本的天然美味。

Shaved Asparagus, Beet Salad

蘆筍甜菜根沙拉

蘆筍的新鮮口感、醃甜菜根的甜味、薄荷優格的清爽、菲達起司的濃郁味道，組成的美味清爽沙拉。軟軟的甜菜根和清脆的蘆筍在咀嚼上形成對比，口感非常特別。

材料

蘆筍 3 根（可以依個人喜好增加）、
醃甜菜根（甜菜根 1/2 顆、紅酒醋 1/2 杯、
糖 1/4 杯）、菲達起司 1/4 杯

薄荷優格
優格 3 大湯匙、薄荷碎片 1½ 大湯匙、
蘋果薄荷醋（P.31）1½ 大湯匙、鹽少許

作法

1 在碗內放入優格的材料攪拌。
2 蘆筍削成薄片。
3 在鍋內放入甜菜根、紅酒醋、糖，加水直到甜菜根都泡到水後加熱。等水沸騰轉小火續煮 35 分鐘，醃甜菜根就完成了。等甜菜根冷卻之後，剝皮並切成適合吃的大小。
4 把蘆筍和甜菜根裝在盤子上，再放上菲達起司和薄荷優格就完成了。

主廚小提醒

把切成薄片的蘆筍放在冷水中
浸泡 5~10 分鐘，口感會更鮮脆。

Spring Garden Salad
春天田園沙拉

這是一道充滿春天蔬菜氣息的營養沙拉，菠菜醬味道有些微酸和清爽，
可以讓葵花籽碎片吃起來更加香脆。這道活力十足的春天田園沙拉，
連在視覺上也是一大享受。

材料

紅蘿蔔 1/3 個、長豆或蘆筍 3~4 根、櫻桃蘿蔔 3 顆、洋蔥 1/4 個、
葵花籽碎片（2 人份：葵花籽 1/4 杯、全麥麵包粉 1/3 杯、無香油 1 茶匙、鹽 1/4 茶匙）

菠菜醬

菠菜 1 杯、白酒醋 1/2 大湯匙、EVOO 1 大湯匙、葵花籽油 1 大湯匙、鹽少許

作法

1：把葵花籽放入乾燥的鍋內炒 3~5 分鐘，等冷卻之後，用攪拌器磨碎。
2：全麥麵包粉放入油鍋內，用中火炒 5~7 分鐘後，放在廚房紙巾上冷卻，同時過濾掉
　　油。葵花籽、全麥麵包粉、油、鹽一起攪拌之後，碎片就完成了。
3：蔬菜切成可以一口吃的大小後，放入煮開的鹽水稍微燙過，馬上撈出來。
　　冷卻並去除水分。長豆、蘆筍和洋蔥燙 30 秒，紅蘿蔔和櫻桃蘿蔔燙 50 秒。
4：把沙拉醬的材料放入攪拌機內攪拌成醬。
5：在盤子上先舖上葵花籽碎片後，再放上燙好的蔬菜，最後淋上沙拉醬就完成了。

主廚小提醒

✎ 用來燙蔬菜的水不需要另外準備，在同一鍋內從味道和香氣比較淡的食材開始燙，
　就可以維持蔬菜原本的天然味道。（順序：長豆→蘆筍→紅蘿蔔→紅蘿蔔→洋蔥）。

Carrot Salad with Orange Vanilla Dressing
紅蘿蔔佐香草柳橙醬沙拉

這是由紅蘿蔔和優格，還有柳橙香草醬組成的新鮮沙拉。
甜甜酸酸的柳橙加入香草的美味，再加入檸檬優格更加爽口。

材料

紅蘿蔔 2 個、檸檬優格（優格 2 大湯匙、檸檬皮 1/2 顆或檸檬油（P.25）1 茶匙）

柳橙香草沙拉醬

檸檬汁 1 大湯匙、柳橙香草豆油（P.25）1 ½ 大湯匙、鹽少許

作法

1：優格和檸檬皮攪拌後，做成檸檬優格。
2：其中一個紅蘿蔔切成薄片放冷水中，另一個紅蘿蔔切成可以一口吃的大小後，在煮開的鹽水中燙 50 秒。撈出來後，馬上放入冷水中冷卻。
3：在碗內攪拌好沙拉醬後，放入紅蘿蔔繼續攪拌。
4：在盤子上擺好紅蘿蔔，淋上優格就完成了。

主廚小提醒

🔧 如果檸檬優格是事先做好的話，要把檸檬皮過濾掉。因為檸檬皮的味道泡在優格內，會有苦澀的味道。

🔧 也可以使用琺瑯杯裝盛沙拉，比盤子更加輕便。推薦可使用下圖厝內琺瑯杯，重心下移的設計不易傾倒，無把手堆疊收納好方便！

▶ 厝內琺瑯杯 /NTD $320

Orange Honey Glazed Carrot Salad
柳橙蜂蜜紅蘿蔔沙拉

這是紅蘿蔔不同吃法的沙拉，在烤箱內烤得軟軟的紅蘿蔔、
甜甜酸酸的柳橙以及辛辣的辣椒粉，是非常獨特的組合，
最後加上酪梨就更完美了。

材料

紅蘿蔔 2 個、大蒜 5 瓣、乾香草 1~2 大湯匙、橄欖油及鹽少許、
柳橙蜂蜜（蜂蜜 1/2 杯、柳橙皮 1/2 顆）1 大湯匙、辣椒粉少許、
酪梨 1/4 個、嫩菜葉 1/2 杯、葵花籽 1~2 大湯匙

檸檬香草沙拉醬

檸檬汁 1 ½ 大湯匙、檸檬香草豆油（P.25）1 大湯匙、鹽及胡椒少許

作法

1： 蜂蜜和柳橙皮攪拌後，放置 30 分鐘至 1 小時，再把柳橙皮過濾掉，柳橙蜂蜜就完成了。
2： 把紅蘿蔔和酪梨切成可以一口吃的大小，大蒜則對半切。
3： 葵花籽放入乾燥的鍋內炒約 3 分鐘，直到變成褐色。
4： 在碗內放入紅蘿蔔、橄欖油、鹽、乾香草後攪拌。
5： 在烤箱內放入紅蘿蔔和大蒜，180 度烤 15~20 分鐘。
6： 從烤箱內把紅蘿蔔取出來，大蒜就不要了。加入柳橙蜂蜜跟紅蘿蔔攪拌，再撒上辣椒粉後，放入烤箱再烤 3 分鐘。
7： 在碗內倒入檸檬香草沙拉醬的材料攪拌，最後加入嫩菜葉一起攪拌。
8： 把紅蘿蔔和酪梨裝在盤子上，再配上已經跟沙拉醬攪拌過的嫩菜葉和葵花籽就完成了。

Pickled Beet with Ricotta Cheese
甜菜根佐檸檬瑞可達起司沙拉

甜菜根跟瑞可達起司沙拉是最搭配的組合之一，再淋上色彩豔麗的甜菜根柳橙沙拉醬，不僅會挑起食慾，視覺上也是一種享受。

材料

醃甜菜根（甜菜根 1 顆、紅酒醋 1 杯、糖 1/2 杯）、柳橙 1/2 個、核桃或胡桃 3~4 個、檸檬瑞可達起司（3~4 人份：牛奶 800ml、檸檬汁 2 大湯匙）

甜菜根柳橙沙拉醬

檸檬汁 2 大湯匙（柳橙 1/2 個）、白巴薩米可醋 1 大湯匙、醃甜菜根切塊 2~3 大湯匙、EVOO 1/2 大湯匙、鹽少許

作法

1. 在鍋內放入甜菜根、紅酒醋、糖，加水直到甜菜根都泡到水，開始加熱。沸騰之後，轉小火煮 35 分鐘，醃甜菜根就完成了。
2. 等甜菜根冷卻之後，剝皮並切成適合吃的大小。如果有剩餘的可以跟沙拉醬的其他材料一起用攪拌機攪拌。
3. 牛奶稍微煮熱就好，不需要煮到沸騰。關火之後，在牛奶中加入檸檬汁攪拌。放置 5~10 分鐘用棉布過濾，檸檬瑞可達起司就完成了。
4. 醃甜菜根、檸檬瑞可達起司、核桃及切好的柳橙擺在盤子上，再淋上沙拉醬就完成了。

主廚小提醒

✎ 甜菜根用刀很容易刺入的話，就代表煮熟了。

Autumn Panzanella

烤南瓜茄子沙拉

這是由烤得酥軟的南瓜和茄子、爽口的全麥麵包、有嚼勁的莫扎瑞拉起司組成的沙拉。再配上迷迭香巴薩米可醋醬可以讓味道更棒。

材料

南瓜 1/2 個、茄子 1/2 個、全麥麵包切片 1 片、
布瑞達起司或馬自瑞拉起司 30~40g、
EVOO 1~2 大湯匙、芝麻葉 1 杯、嫩菜葉 1 杯

迷迭香巴薩米可醋醬

巴薩米可醋 1/2 杯、迷迭香葉碎片 2 茶匙或乾燥的迷迭香 1 茶匙

作法

1. 在鍋內放入磨碎的迷迭香和巴薩米可醋後，加入直到沸騰，接著轉成小火。大約煮 7~10 分鐘，當濃度變稠時，迷迭香巴薩米可醋醬就完成了。
2. 把南瓜和茄子切成可以一口吃的大小。
3. 在烤盤上塗上油，放上南瓜跟茄子，每一面約烤 30 秒，全麥麵包也烤的酥脆。
4. 把全麥麵包、嫩菜葉、芝麻葉、南瓜、茄子、起司都一起裝在盤子內，最後淋上迷迭香巴薩米可醋醬和 EVOO 就完成了。

Veggie Salad with Olive Yogurt

橄欖優格蔬菜沙拉

這是由溫和蔬菜和強烈橄欖優格完美協調組成的沙拉。
來品嚐看看富含水分的蔬菜、橄欖和大蒜組成的美妙滋味。

材料

紅蘿蔔 1/4 個、櫻桃蘿蔔 2 顆、小黃瓜 1/3
個、奶油萵苣 1 份、菲達起司少許

 橄欖優格

優格 2½ 大湯匙、橄欖 4~5 顆、白醋 1 茶匙、
檸檬汁 1 茶匙、大蒜 1/2~1 瓣、
帕馬森起司粉 2 茶匙

作法

1　把橄欖優格的材料放入攪拌機，攪拌均勻
　　即完成沙拉醬。

2　紅蘿蔔、櫻桃蘿蔔、小黃瓜都要切成薄
　　片，奶油萵苣則撕成可以一口吃的大小。

3　把奶油萵苣、起司、切成薄片的蔬菜一起
　　裝在盤子上，再淋上橄欖優格就完成了。

主廚小提醒

✎　奶油萵苣是圓生菜的一種，也叫做結球萵苣，
　　口感溫和，跟味道較重的沙拉搭配也很適合。

060

Zoodles with Basil Tomato Pesto

櫛瓜佐羅勒番茄沙拉

這道就像用南瓜代替麵的創意義大利麵。由番茄和羅勒做出的調味醬口感清爽，跟南瓜相當速配，同時也沒有吃碳水化合物義大利麵的罪惡感。

材料

櫛瓜或南瓜 1/2 個、小番茄 4~5 個、
帕馬森起司 1/5 杯

 番茄羅勒醬

羅勒葉 30g、番茄乾 4~6 個，大蒜 2 瓣、
EVOO 或羅勒油（P.23）4 大湯匙、烤杏仁
50g、鹽・胡椒少許

作法

1 把小番茄對半切，把南瓜切得細長，為了
  保持鮮脆，要泡在冷水中。
2 把番茄羅勒醬的材料都一起放入攪拌機攪
  拌，最後加入鹽、胡椒來調味。
3 把南瓜跟番茄羅勒醬一起攪拌，再放上小
  番茄和帕馬森起司就完成了。

主廚小提醒

也可以把番茄放在 180℃的烤箱內烤 20 分鐘以上，
直到水分都去除，就可以代替番茄乾來使用。

Tomato Panzanella
托斯卡尼麵包番茄沙拉

烤得酥脆的麵包吸收了番茄汁和醋的美味，吃的時候可以同時滿足食慾和口感。
在番茄盛產的夏季吃會更美味。

材料

番茄 1 個、小番茄 7~8 個、全麥麵包 1 片、小黃瓜 1/4 個、橄欖 3~4 顆、
芝麻葉 1 杯、布瑞達起司 50~60g、白酒葡萄乾（白酒 1/2 杯、葡萄乾或其他水果乾）

百里香紅酒醋沙拉醬

巴薩米可醋 1 大湯匙、百里香紅酒醋（P.33）1 茶匙、
EVOO 1½ 大湯匙、鹽‧胡椒少許

作法

1. 在鍋內放入白酒並加熱直到沸騰，關掉火之後，再放入葡萄乾。浸泡 10 分鐘以上，把葡萄乾撈出來就可以。
2. 把全麥麵包放在塗了油的架上烤，稍微有點焦就可以。
3. 把烤好的麵包和番茄切成適合吃的大小，小番茄、小黃瓜、橄欖則切成小塊。
4. 在大碗內把所有切好的材料、芝麻葉、沙拉醬都放在一起攪拌，再跟起司一起裝在盤子上。最後，再擺上白酒葡萄乾就完成了。

主廚小提醒

- 麵包要等到所有材料都準備好之後，再來烤。
- 雖然麵包會吸收番茄汁和醋，但麵包還是要脆脆的才會更好吃。

Roasted Cauliflower Salad
香烤花椰菜沙拉

花椰菜即使沒有搭配調味醬或其他料理方法，只要稍微烤一下也非常好吃。
讓我們來品嚐一下在烤箱內烤的香脆又酥軟的花椰菜吧。

材料
花椰菜或花椰菜片 1 杯、橄欖油・鹽・胡椒少許、
帕馬森起司（切成小塊）1/4 杯、奶油萵苣 1 個、松子 1 小搓

迷迭香油沙拉醬

紅酒醋 1 大湯匙、迷迭香油（P.21）2½ 大湯匙、紅蔥碎片 1 茶匙、鹽・胡椒少許

作法
1∶ 把奶油萵苣撕成可以一口吃的大小，花椰菜切成約 5mm 大小的薄片。
2∶ 把所有沙拉醬材料一起攪拌好。
3∶ 花椰菜放在烤架上，撒上橄欖油、鹽、胡椒，在 250℃的烤箱內烤 3~4 分鐘。
4∶ 把烤好的花椰菜、奶油萵苣、帕馬森起司一起裝盤，再撒上松子。
5∶ 最後，淋上沙拉醬就完成了。

主廚小提醒
⟋ 紅蔥跟洋蔥都屬於百合科蔬菜，同時具有洋蔥和大蒜兩種味道。

Roasted Root Veggie Salad
烤蔬菜沙拉

櫻桃蘿蔔和番薯、紅蘿蔔、甜菜根等都屬於口感比較硬的根莖類蔬菜，用於沙拉時，
可以先在烤箱內烤得軟嫩，再配上香草，就是道完美沙拉了。

材料
櫻桃蘿蔔 6 顆（大小適中）、紅蘿蔔 1 個、櫻桃蘿蔔葉 6 片、
迷迭香葉少許、橄欖油·鹽·胡椒少許

羅勒優格

優格 6 大湯匙、香檳醋或白酒醋 2 大湯匙、芥末籽醬 1 茶匙、
芫荽籽粉 1 茶匙、綠羅勒油（P.23）1/2 茶匙、鹽·胡椒少許

作法
1： 在碗內放入所有羅勒優格的材料攪拌。
2： 把櫻桃蘿蔔對半切，紅蘿蔔切成跟櫻桃蘿蔔差不多大小。把切好的紅蘿蔔和櫻桃蘿
蔔放入大碗內，加入橄欖油和迷迭香攪拌。
3： 撒上鹽及胡椒後，放在 180℃的烤箱內約烤 15~20 分鐘。
4： 在盤子上放上烤過的櫻桃蘿蔔和紅蘿蔔，配上櫻桃蘿蔔葉和羅勒優格就完成了。

主廚小提醒
✎ 櫻桃蘿蔔葉帶著點微辣口感，是非常好的葉菜。

Marinaded Veggie Salad
醃菜沙拉

當食材味道比較清淡時，可以先醃漬後，再用來做沙拉。
就可以充分享用到各種蔬菜的美味。

材料

南瓜 1/3 個、櫛瓜 1/4 個、各種顏色的彩椒 1/2 個、蘆筍 3 個、蘑菇 2~3 朵、
醃醬（檸檬汁 2 大湯匙、紅酒醋 2 大湯匙、磨碎的大蒜 2 茶匙、
迷迭香碎片 1 茶匙、EVOO 2 大湯匙）、檸檬蜂蜜（蜂蜜 1/2 杯、檸檬皮 1 個份）2 茶匙

醃漬沙拉醬

醃醬 1 大湯匙、迷迭香油（P.21）2 大湯匙、芥末籽醬 1 茶匙

作法

1: 在小碗內把檸檬蜂蜜的所有材料攪拌好。
2: 在大碗內放入醃醬的所有材料攪拌，把切成適合一口吃的蔬菜和蘑菇一起放入，攪拌 10 分鐘左右。
3: 在預熱好的烤架上放醃漬好的蔬菜和蘑菇，烤到有點焦就可以，約需要 2~3 分鐘。
4: 把剩餘的醃醬加上迷迭香油、芥末籽醬後攪拌均勻，就完成沙拉醬了。
5: 把烤好的蔬菜和蘑菇裝在盤子上，淋上沙拉醬並用檸檬蜂蜜稍微淋上一圈就完成了。

Simple Veggie Terrine
烤蔬菜佐起司沙拉

烤過的蔬菜味道會更香，吃起來也很軟。
再配上口味重的菲達和瑞可達起司及石榴沙拉醬，就完成了甜甜酸酸的魅力沙拉。

材料

茄子・南瓜・櫛瓜・筍瓜等蔬菜各 1/3 個、番茄 1 個、
橄欖油・鹽・胡椒少許、嫩菜葉 1/2 杯、菲達起司或羊奶起司 60g、
檸檬瑞可達起司（3~4 份：牛奶 800ml、檸檬汁 2 大湯匙）60g

石榴沙拉醬

石榴汁 1 大湯匙、石榴醋（P.33）1 大湯匙、
第戎芥末醬 1 大湯匙、EVOO 3 大湯匙、鹽・胡椒少許

作法

1. 把茄子、南瓜、櫛瓜、筍瓜、番茄切成厚度 1.5cm 的切片後，兩面都稍微塗上橄欖油和撒上些鹽、胡椒。
2. 在 180℃的烤箱內把番茄烤約 25~30 分鐘，其他蔬菜烤約 15 分鐘，拿出來放著冷卻。
3. 牛奶稍微煮熱就好，不需要煮到沸騰。關掉火之後，在牛奶中加入檸檬汁來攪拌。放置 5~10 分鐘之後，用棉布過濾之後，檸檬瑞可達起司就完成了。
4. 把 60g 瑞可達起司跟菲達起司混合後，再加入些鹽、胡椒來調味。
5. 在大碗內放入石榴沙拉醬的所有材料來攪拌，接著放入嫩葉菜繼續攪拌。
6. 把烤好的蔬菜和起司一起裝在盤子上，再擺上嫩葉菜就完成了。

Curried Cauliflwer with Couscous
咖哩花椰菜佐古斯米沙拉

吸收了咖哩香味的花椰菜配上柳橙咖哩優格就完成了夢幻組合。蛋白質的含量高，但是跟其他穀物相比，卡路里卻比較低。所以為了減肥跟健康，可以多嘗試用古斯米來做料理。

材料

白花椰菜 1/2 朵、咖哩油（P.27）2~3 大湯匙、磨碎的大蒜 1 大湯匙、古斯米（北非小米）1/2 杯、柳橙皮 1/2 顆、柳橙汁 1 大湯匙、水 1/2 杯、鹽少許

柳橙咖哩優格醬

優格 6 大湯匙、柳橙汁 4 大湯匙、檸檬汁 2 大湯匙、咖哩粉 1½ 大湯匙、蛋黃 1 個、第戎芥末醬 1/2 大湯匙、鹽‧胡椒少許

作法

1: 在碗內放入切成適合吃的花椰菜、磨碎的大蒜、咖哩油攪拌。
2: 放入 250℃的烤箱內烤 5~7 分鐘。
3: 在鍋內放入水、柳橙汁、柳橙皮、鹽加熱，水沸騰後關火。放入古斯米並蓋好鍋蓋，直到水份被吸收，約需 10 分鐘。
4: 打開鍋蓋攪拌均勻，等冷卻後把柳橙皮挑出。
5: 在小碗內把柳橙咖哩優格的材料放入攪拌。
6: 把古斯米和花椰菜裝在盤子上，並淋上柳橙咖哩優格就完成了。

主廚小提醒

✎ 這道料理可以搭配葡萄乾熱紅茶。在熱水中放入 1 個紅茶茶包和一大湯匙的葡萄乾，約浸泡 20 分之後，再把葡萄乾撈出來就完成了。

White Asparagus with Anchovy Fillets
蘆筍鯷魚沙拉

蘆筍溫和的美味和鯷魚的強烈口感，搭配而成的沙拉。
也能品嚐到蒜烤彩椒沙拉醬的美味。

材料
鯷魚 5 條、白色或綠色的蘆筍 4 個、嫩菜葉 1 杯、橄欖油・鹽・胡椒少許

蒜烤彩椒沙拉醬

彩椒 1 個、大蒜 1 瓣、巴薩米可醋 1 大湯匙、EVOO 1½ 大湯匙、鹽・胡椒少許

作法
1. 把彩椒對半切開，去除籽和蒂後，跟大蒜還有橄欖油一起攪拌。
2. 把蘆筍切成一口吃的大小，並跟橄欖油一起攪拌，最後用鹽稍微調味。
3. 在 250℃的烤箱放入蘆筍烤 3~5 分鐘，大蒜則烤 10~15 分鐘。彩椒要烤到表皮發黑，約需要 30 分鐘以上。
4. 把烤好的彩椒取出來，用廚房紙巾包好，放著冷卻。大蒜烤好後，把表皮都剝掉。
5. 剩餘的材料跟沙拉醬的材料，一起用攪拌機攪拌好，烤彩椒沙拉醬就完成了。
6. 把蘆筍、鯷魚、嫩菜葉裝盤，淋上沙拉醬就完成了。

主廚小提醒
✎ 被切掉的蘆筍底部可以切成細片，放在沙拉內或是做為湯料也不錯。

Roasted Cauliflower with Nut Pesto
烤花椰菜佐堅果醬沙拉

在烤箱內烤過的花椰菜配上堅果跟鹹鹹的起司沙拉，
請品嚐看看由核桃和松子做成的堅果醬風味。

材料
花椰菜 1/2 朵、葵花籽 1~2 大湯匙、
橄欖油・鹽・胡椒少許

堅果醬

核桃 35g、松子 35g、帕馬森起司 10g、芥末籽醬 1/2 茶匙、
大蒜碎片 1/2 茶匙、EVOO 2 大湯匙、檸檬汁 1 大湯匙、鹽・胡椒少許

作法
1. 花椰菜切成適合吃的大小，跟橄欖油攪拌後，加上鹽及胡椒來調味。
2. 在 250℃ 的烤箱內烤 5~7 分鐘後，取出冷卻。葵花籽放在乾燥的鍋內炒約 3~5 分鐘。
3. 把帕馬森起司切成絲放在大碗內，把堅果醬的其他材料一併放入攪拌。
   最後再用攪拌機攪拌均勻，就完成醬料了。
4. 把花椰菜和堅果醬裝盤，放上葵花籽就完成了。

▶ 好看的器皿，使你的沙拉看起來更美味。
JIA Inc. 有無相生 沙拉碗 / 商品詳情洽 JIA PLUS

protein salads

○ PART 3 ○

運動前後，
補充蛋白質豐富的沙拉

　　健康減肥菜單中最重要的營養就是蛋白質。為了增加肌肉，不只是需要規律地運動，還必須攝取健康的蛋白質。在這裡我們介紹各種健康的蛋白質攝取方法，同時也把容易吃膩的雞胸肉變得更美味也更健康的新料理方式。讓我們在運動前後，無負擔地補充所需的蛋白質吧！

Super Skinny Salad
超級瘦身沙拉

我們要介紹的是搭配動物性 / 植物性蛋白質、碳水化合物及蔬菜的瘦身沙拉。
這類沙拉不只顧到健康，美味和飽足感也是滿分。
這道沙拉可以填飽肚子，不會有變胖的疑慮，是可以幫助減肥的超級沙拉。

材料

白酒香草雞胸肉（雞胸肉 1 塊、白酒 1 杯、水 1/3 杯、月桂樹葉 1 片、
喜歡的乾香草 1/2 茶匙、 胡椒粒 5~7 顆）、煮熟的藜麥 1/3 杯，煮熟的鷹嘴豆 1/4 杯、
煮熟的扁豆 1/5 杯、 冷凍的毛豆 1/4 杯、 番茄丁 1 ½ 大湯匙、 罐頭玉米粒 2 大湯匙、
洋蔥丁 2 大湯匙、碎香草 1 大湯匙、芝麻菜 1/2 杯

檸檬湯料沙拉醬

檸檬汁 1 大湯匙、湯料 1 大湯匙、EVOO 1 大湯匙、鹽・胡椒少許

作法

1： 把鷹嘴豆泡在冷水中 8 個小時後，撈出來放入鍋內。加入水直到蓋過豆子，再開始
煮。等沸騰之後，就轉到中火繼續煮 1 小時 ~1 小時半。
2： 小扁豆跟 2 倍多的水一起煮開，就轉到中火繼續煮 25~30 分鐘。
3： 藜麥跟 1.5 倍多的水一起煮開之後，就轉到小火繼續煮 15~20 分鐘。
4： 在鍋內放入白酒、水、香草、花椒、月桂樹葉一起煮，等水沸騰轉到小火，
並把雞胸肉放進去，把鍋蓋蓋上續煮 7 分鐘，掀開鍋蓋攪拌一下。
再把鍋蓋蓋上續煮 7 分鐘。煮好後，就可以撈出來放著冷卻。
5： 把鍋內剩餘的湯頭繼續燉 1~2 分鐘之後，把其他沙拉醬材料也放入一起攪拌。
6： 毛豆解凍後，把皮剝掉。雞胸肉也切成適合吃的大小。
7： 把所有沙拉材料盛在盤子上，再淋上沙拉醬就完成了。

主廚小提醒

✎ 藜麥可在有機商店或網路購得。藜麥是米的最佳替代品，含豐富的蛋白質及氨基酸
和鈣質，可以購買紅、白、黑 3 種顏色混合的，口感會較適合。
✎ 芝麻菜可在進口食品超市或網路購得，也可以替換成其它適用於沙拉的蔬菜。

Asparagus Salad with Quail Eggs
鵪鶉蛋蘆筍沙拉

用葡萄酒和蜂蜜一起熬出來的白酒蜂蜜醬，可以讓沙拉醬味道變得更獨特。
清淡的蘆筍、鵪鶉蛋、白酒蜂蜜醬非常搭配。

材料
蘆筍 4~6 個、煮熟的鵪鶉蛋 3~4 顆、水菜 1 杯、
檸檬汁・橄欖油・鹽・胡椒少許

白酒蜂蜜芥末優格醬

白酒蜂蜜醬（白酒 1 杯、蜂蜜 2 大湯匙）2 ½ 茶匙、優格 2 大湯匙、
芥末籽醬 1 茶匙、狄戎芥末醬 1/2 茶匙、檸檬汁 1 茶匙、鹽少許

作法
1: 把白酒跟蜂蜜攪拌好之後，放入鍋內用小火熬 10~15 分鐘，白酒蜂蜜醬就完成了。
2: 冷卻之後，剩餘的芥末優格材料可以跟放入一起攪拌做成沙拉醬。
3: 去除蘆筍的底部之後，跟橄欖油、鹽、胡椒攪拌後，放在 250℃的烤箱內約烤 3 分鐘。
4: 水菜和檸檬汁稍微攪拌後，跟蘆筍、鵪鶉蛋一起裝盤，再淋上沙拉醬就完成了。

主廚小提醒
✎ 用雙手分別抓住蘆筍的中間部位和底部後，稍微彎曲，這樣底部會變軟，也就更加
容易去除。
✎ 狄戎芥末醬又稱法式芥末醬，可在進口食品行或網路購得。

Warm Autumn Panzanella

綜合菇類水波蛋沙拉

這是充滿菇類香氣的沙拉，柔軟蛋黃配上全麥麵包的香脆口感，
請享用一份健康跟美味都滿分的蛋白質沙拉。

材料

平菇·香菇·洋蘑菇等喜歡的菇類 2 杯、
綠捲鬚 2 杯、荷包蛋（雞蛋 1 個、水 4~5 杯、
食醋 1 大湯匙、鹽 1 茶匙）、鹽·胡椒少
許

松露油沙拉醬

百里香紅酒醋（P.33） 1½ 大湯匙、
松露油 1 大湯匙

作法

1 在鍋內放入水、食醋、鹽加熱。
2 在勺子或小碗上把雞蛋敲開後，慢慢地輕
  輕滑入鍋內。約煮 4~5 分鐘之後，把雞蛋
  撈出來，小心地放入冷水中冷卻。
3 把菇類切成適合一口吃的大小。
4 在鍋內倒入油，放入菇類、鹽、胡椒快炒。
5 在大碗內放入所有沙拉醬的材料攪拌。蘑
  菇、綠捲鬚用沙拉醬攪拌之後，用鹽、胡椒
  調味，最後再擺上水波蛋就完成了。

主廚小提醒

綠捲鬚是適合當作沙拉食材的好吃蔬菜。這
種蔬菜的葉子又薄又捲，可以包住沙拉醬。
在大型賣場或網路等地方可以購得。也可以
用菊苣（萵苣）來代替。

Tofu Salad with Blue Cheese Yogurt
豆腐佐藍起司優格沙拉

清淡的豆腐和蘑菇適合搭配重口味的藍起司優格。
請嚐嚐看山核桃糖的甜味跟藍起司的組合。

材料

豆腐 1/2 塊、白玉菇‧洋蘑菇‧平菇等喜歡的菇類 1 杯、鹽‧胡椒少許、白里香‧迷迭香等乾香草 1 茶匙、山核桃糖（3 人份：山核桃 400g、砂糖 3 茶匙）、藍起司碎塊少許

藍起司優格

藍起司 10~15g、優格 2 大湯匙、檸檬汁 1 茶匙、大蒜末 1/4 茶匙、蜂蜜 1/2 茶匙、鹽‧胡椒少許

作法

1 把菇類洗乾淨後，切成適合吃的大小。在鍋內滴入油，等油熱就放入香菇、乾香草、鹽和胡椒來快炒。

2 山核桃先在冰水中浸泡 10 分鐘左右，取出來瀝乾。接著，跟砂糖攪拌之後，放入 180℃的烤箱內烤 20 分鐘以上，再撒上一小搓的砂糖後，放著冷卻。

3 將藍起司優格材料攪拌均勻。

4 把切成大小適中的豆腐裝在盤子上，再配上優格醬和山核桃糖就完成了。

主廚小提醒

- 山核桃可以用核桃來代替，最好一次做多一點來存放。山核桃可以在大賣站或網路賣場購得。
- 豆腐可以挑選嫩豆腐，食用前可以先用煮過的冷水沖洗一下。

Grilled Mushroom Saladwith Beans and Peas
綜合豆類佐杏鮑菇沙拉

豆類和蘑菇都含有豐富的蛋白質。味道香醇的松露油即使不搭配其他材料，
單獨作為沙拉醬來使用時，也可以吃出極佳的美味。

材料
杏鮑菇 2 朵、鷹嘴豆・腰豆・白豆等喜歡的煮熟豆類 1/2 杯、
Optional 迷迭香末 1 大湯匙

迷迭香松露油沙拉醬

迷迭香紅酒醋（P.31）1½ 大湯匙、
松露油 2 大湯匙、EVOO 1 大湯匙、鹽・胡椒少許

作法
1: 把沙拉醬的材料放入攪拌。
2: 鷹嘴豆在冰水裡浸泡約 8 小時，接著撈出來放在鍋內。加入水直到把豆子蓋住，水
沸騰之後，轉中火續煮 1 小時 ~1 個半小時。腰豆和白豆也是一樣的煮法。
3: 把杏鮑菇切成適合一口吃的大小，在烤架上稍微塗上油，等油熱了把杏鮑菇放上烤
約 10~15 秒。
4: 杏鮑菇和豆類裝盤，再淋上沙拉醬就完成了。

Mexicali Salad
墨西哥風味沙拉

**芫荽的清新和青辣椒的辛香味，讓其他材料味道變得更加爽口，
配上好吃又可以瘦身的雞胸肉和健康的優格沙拉來吃，美味又健康！**

材料

萊姆香草雞胸肉（雞胸肉 1 塊、萊姆汁 1 顆份、水 1/3 杯、
牛至、百里香等乾香草 1/2 茶匙、芫荽枝 1/2 小把）、
芫荽葉 1/2 小把、乾番茄 5~6 顆、彩椒 1/2 個、罐頭玉米 2 大湯匙、蘿蔓生菜 1/2 株
Optional 南瓜籽 1~2 大湯匙、艾斯阿格起司（切成小塊）1 大湯匙

萊姆芫荽優格

優格 4 大湯匙、蘋果酒醋 1/2 大湯匙、萊姆皮 1 個份、青辣椒 1 個、
艾斯阿格起司（切成小塊）2 大湯匙、芫荽葉 2/3 杯、鹽‧胡椒少許

作法

1. 萊姆芫荽優格的材料放入攪拌機攪拌，最後加上鹽和胡椒來調味就可以了。
2. 在鍋內放入萊姆汁、香草、芫荽枝後加熱。水沸騰之後，轉成小火，放入雞胸肉。
   蓋上鍋蓋煮約 7 分鐘之後，打開稍微攪拌，接著再次蓋上鍋蓋，繼續煮 7 分鐘。
   煮好後，再把雞胸肉撈出來。
3. 把乾番茄、彩椒切成小塊，也把雞胸肉、芫荽葉、蘿蔓生菜切成適合一口吃的大小
   後，裝在盤子上。最後擺上玉米粒和萊姆芫荽優格就完成了。

主廚小提醒

在優格中也可以加入洋蔥粉 1/2 茶匙。以乾燥洋蔥研磨的洋蔥粉，帶有強烈的洋蔥
辛香辣味，非常適合加在沙拉裡。

Curry Yogurt Chicken Salad

雞胸肉佐咖哩優格沙拉

這是微辣咖哩優格和酸甜葡萄、蘋果組合成的沙拉，可以搭配檸檬汁和煮熟的檸檬香草雞胸肉來享用。

材料

檸檬香草雞胸肉（雞胸肉 1 塊、檸檬汁 1 個份、水 1/2 杯、芫荽・香芹・羅勒・薄荷等香草末 2 大湯匙）、葡萄 8~10 顆、蘋果 1/4 個、嫩菜葉 1½ 杯、杏仁切片 1 大湯匙

● 咖哩優格（2 餐量）

生薑末 1/2 大湯匙、大蒜末 1 瓣、紅咖哩醬 2 茶匙、椰子汁 2/3 杯、檸檬汁 2 大湯匙、優格 6 大湯匙、鹽・胡椒少許

作法

1 在鍋內放入油，把薑末和蒜末炒 3 分鐘，再放入咖哩醬炒 1 分鐘。再放入椰子汁，轉成中火熬 10~15 分鐘，放著冷卻。跟檸檬汁、優格一起攪拌，用鹽和胡椒調味，咖哩優格就完成了。

2 在鍋內放入水、檸檬汁、香草熬煮，水沸騰後，轉成小火並放入雞胸肉一起煮。煮 7 分鐘後，攪拌一下，再蓋上鍋蓋續煮 7 分鐘。最後把雞胸肉撈出來。

3 蘋果、葡萄、雞胸肉都切成適合的大小，跟葉菜一起裝盤。淋上咖哩優格跟撒上杏仁片就完成了。

主廚小提醒

因為咖哩醬的味道很重，所以在做沙拉醬的時候，一定要用鹽稍微來調味。

Grilled Chicken Salad with Pickled Onion

烤雞胸肉佐醃洋蔥沙拉

這是浸泡過檸檬汁的雞胸肉和迷迭香醋沙拉醬組成的美味沙拉，可以跟醃洋蔥一起享用。

材料

雞胸肉 1 塊、檸檬汁 2 大湯匙、
EVOO 1 大湯匙、大蒜末 1 茶匙、
鹽‧胡椒少許、洋蔥 1/4 個、
紅酒醋適量、高麗菜 1/4 個

⬤ 迷迭香醋沙拉醬

迷迭香紅酒醋（P.31）1 大湯匙、EVOO 2
大湯匙、鹽‧胡椒少許

作法

1 大碗內放入雞胸肉、檸檬汁、EVOO、
大蒜末，攪拌後放置 30 分鐘，再用鹽和
胡椒調味。在烤架上塗上油，等油發熱
之後，把雞胸肉放上去，每一面約烤 5~6
分鐘。

2 在小碗內放入沙拉醬的所有材料攪拌。

3 把洋蔥切成薄薄的長條後，用紅酒醋把
洋蔥充分浸泡。

4 把雞胸肉和高麗菜切成適合吃的大小。
把雞胸肉、高麗菜、洋蔥都裝在盤子上，
淋上沙拉醬就完成了。

主廚小提醒

✎ 在烤過雞胸肉的架上，撒上一湯匙的檸檬汁燒一下，
再把高麗菜放上去烤，就可以吃到軟嫩的烤蔬菜。

Chili Lime Chicken Salad
紅番椒萊姆雞肉沙拉

當你想享受刺激口感的食物時，這道沙拉絕對可以滿足你！
不會太辣，吃起來也不會太無趣，可以讓你適當地享受刺激的口感。

材料

紅番椒萊姆雞胸肉（雞胸肉 1 塊、水 1/3 杯、萊姆汁 3 大湯匙、 鹽・胡椒少許、
月桂樹葉 1 片、乾牛至 1/2 茶匙、胡椒粒少許、紅番椒粉（辣椒粉）1~2 茶匙）、
顏色艷麗的彩椒各 1/2 個、菊苣 1~2 杯

紅番椒萊姆湯料沙拉醬

萊姆汁 1 大湯匙、醬油 1 茶匙、 蜂蜜 2 茶匙、紅番椒萊姆雞胸肉的湯料 1/2 茶匙、
葡萄籽汁 1/2 大湯匙、鹽・胡椒少許

作法

1. 用鹽和胡椒均勻塗抹在雞肉上。
2. 在鍋內放入水、萊姆汁、月桂冠葉、乾牛至、胡椒粒、紅番椒粉來煮，水沸騰後轉小火，同時放入雞胸肉。煮 7 分鐘後，攪拌一下雞胸肉，再蓋上鍋蓋續煮 7 分鐘。再把雞胸肉撈出來。鍋內剩餘的湯頭繼續燉 1~2 分鐘之後，把其他沙拉醬材料也放入一起攪拌。
3. 把彩椒切成適合大小，在鍋內倒入油熱炒彩椒，或是在 180℃ 的烤箱內烤 10~15 分鐘。
4. 把雞胸肉、菊苣切成可以一口吃的大小，再跟彩椒一起裝在盤子上。最後淋上沙拉醬就完成了。

主廚小提醒

✎ 紅番椒是一種墨西哥菜用的調味料，可以在大賣場等購買，也可以用辣椒粉取代。
✎ 菊苣也可以使用萵苣代替。

Curried Carrot and Pickled Beet Salad

紅蘿蔔咖哩佐甜菜根沙拉

這是由煮熟的甜菜根、咖哩油和炒過的紅蘿蔔組成的沙拉。
配上甜甜的葡萄乾會更美味，雞胸肉也可以讓你有飽足感。

材料

雞胸肉 1 塊、醃甜菜根（甜菜根 1 個、酒醋
1 杯、砂糖 1/2 杯）、紅蘿蔔 1/3 個、
咖哩油（P.29）1 大湯匙、嫩菜葉 1½ 大杯、
葡萄乾 1 大湯匙、鹽·胡椒少許

🫕 檸檬咖哩油沙拉醬

檸檬汁 1 大湯匙、EVOO 1½ 大湯匙、咖
哩油（P.27）1 茶匙、鹽·胡椒少許

作法

1 在鍋內放入甜菜根、紅酒醋、砂糖。甜菜

根一定都要泡到水，加熱直到水沸騰，再
轉小火煮 35 分鐘。冷卻之後，把甜菜根
剝皮，切成適合吃的大小。

2 雞胸肉用鹽和胡椒調味，在烤架上塗上
油，等油發熱，就把雞胸肉放上去，每一
面約烤 5~6 分鐘。冷卻後，把雞胸肉切成
適合大小。

3 紅蘿蔔切絲，在倒入咖哩油的鍋內拌炒，
用鹽調味。炒好用紙巾吸掉多餘油分。

4 在小碗內放入所有沙拉醬的材料攪拌。

5 把醃甜菜根、紅蘿蔔、嫩菜葉、雞胸肉裝
盤，再擺上葡萄乾並淋上沙拉醬就完成
了。

Ground Beef Salad with MaYogurt

牛肉沙拉

吃起來有美乃滋的甜味，但卻完全沒有加入美乃滋的優格沙拉醬。
這種低卡路里的沙拉，不用加入很多材料，就可以很美味。

材料

牛絞肉 150g、乾百里香・牛至・芫荽籽各
1/2 茶匙、洋蔥 1/4 個、大蒜 1 瓣、鹽・胡
椒少許、萵苣 1/6~1/4 個、芫荽葉 1 把、
巧達起司（切成小塊）少許

Optional 番茄 1/2 個或小番茄 5~6 個

美乃滋優格

優格 3 大湯匙、白醋 1½~2 大湯匙、檸檬
汁 1 大湯匙、蜂蜜 1 茶匙、大蒜粉或洋蔥
粉 1/2 茶匙、鹽・胡椒少許

作法

1 把洋蔥和大蒜切成末、萵苣則切成適合吃
   的大小。

2 在乾燥的鍋內放入牛絞肉、百里香、牛
   至、芫荽後，先用鹽和胡椒調味，拌炒約
   8 分鐘，直到顏色變成褐色，再倒入洋蔥
   和大蒜末，拌炒 3 分鐘。

3 在小碗內放入所有蛋黃優格的材料攪拌。

4 把萵苣和炒好的牛肉裝在盤子上，再配上
   巧達起司、蛋黃優格、芫荽葉就完成了。

Steak Salad with Guacamole and Yogurt

酪梨牛排沙拉

在這裡介紹讓低脂肪的牛肉吃起來更美味和健康的方法。
請跟爽口的酪梨和微酸的優格，以及番茄、洋蔥、玉米一起享用。

材料

里脊肉·牛臀肉等脂肪低的牛肉 100g、鹽·胡椒少許、
切成丁的番茄 2 大湯匙、洋蔥末 2 大湯匙、罐頭玉米 2 大湯匙、
蘿蔓生菜 1/2 個或奶油萵苣 1 個、芫荽葉 1/2 把、優格 3 大湯匙

酪梨沙拉醬

酪梨 1/2 個、萊姆汁 2~3 茶匙、洋蔥末 1½ 大湯匙、
芫荽末 1~2 大湯匙、鹽·胡椒少許

作法

1. 蘿蔓生菜切成適合一口吃的大小，把牛肉用鹽和胡椒調味。
2. 在鍋內倒入油，等油開始發熱後，把調味好的牛肉放入煎烤。
   根據自己喜歡的熟度，每一面約煎 2~3 分鐘。冷卻之後，切成適合吃的大小。
3. 把酪梨沙拉醬的所有材料都放入攪拌機內攪拌，或是把酪梨壓碎之後跟其他材料攪
   拌，最後再用鹽和胡椒調味。
4. 把蘿蔓生菜、番茄、洋蔥、玉米、牛肉擺盤，再配上酪梨沙拉醬、優格、芫荽葉就
   完成了。

Beef Tenderloin Salad
with Herby Dressing
沙朗牛排香草沙拉

沙朗牛排雖然卡路里有點高，但脂肪少，肉感也很嫩，所以想吃紅肉時，這是最好的選擇。再配上香草的濃烈味道和香氣，就是一份好吃的牛排沙拉。

材料

沙朗牛排 100g、馬自瑞拉起司適量、嫩菜葉 2 杯、鹽 · 胡椒少許

香草沙拉醬

芫荽 1/2 杯、香芹 1/4 杯、大蒜 1 瓣、牛至 2 大湯匙、白酒醋 1~2 大湯匙、
EVOO 1½ 大湯匙、芥花籽油 1/2 大湯匙、鹽 · 胡椒少許
Optional 紅蔥 1/2 根

作法

1. 沙朗先用鹽和胡椒調味醃漬。
2. 在鍋內倒入油，等油開始發熱後，把調味好的沙朗放入煎烤。根據自己喜歡的熟度，每一面約烤 2~3 分鐘。冷卻之後，切成適合吃的大小。
3. 把所有的沙拉醬材料放入攪拌機攪拌。
4. 把沙朗、嫩菜葉、起司裝盤，再淋上沙拉醬就完成了。

主廚小提醒

✎ 牛至也可以用乾牛至 1 大湯匙代替。

Seared Duck Breast Salad
鴨胸肉沙拉

鴨肉是跟水果很搭的肉類之一，搭配橙汁香草醋醬就能做出與眾不同的沙拉。

材料

鴨胸肉 1 塊、橘子 1/2 個、芝麻葉或菊苣 1/2 杯、
EVOO 1 大湯匙、高達起司 1/4 杯

Optional 番茄少許

香草醋醬

白酒醋 1/2 杯、橘子汁 1/2 顆份、百里香・牛至等乾香草 1/2 茶匙

作法

1： 把醋、橘子汁、香草用小火熬 7~10 分鐘，冷卻後就是香草醋醬了。

2： 把鴨胸肉有皮的那一面放在微溫的鍋內，用中小火慢慢煎烤 10~13 分鐘，中間要不地用廚房紙巾吸油。翻面後，放在 180℃ 的烤箱內烤 5~6 分鐘，取出來後放著冷卻。

3： 把鴨胸肉切成適當厚度，並跟橘子、芝麻葉一起裝盤。最後淋上香草醋醬和 EVOO 就完成了。

主廚小提醒

✎ 鴨胸肉的皮要盡可能去除油脂，吃起來才會酥脆，脂肪減少了，才可以吃得美味又沒有負擔。

✎ 橘子也可以用柳橙或石榴來代替，請享受更多種的變化。

Smoked Duck Breast
with Pickled Cabbage Salad
煙燻鴨肉佐醃高麗菜沙拉

帶有點酸味的醃漬高麗菜和香甜的核桃糖，再配上爽口的煙燻鴨肉就組成了魅力沙拉。煙燻鴨肉可以冷藏起來後再吃，也可以稍微烤一下再吃。

材料

煙燻鴨肉 100g、蜂蜜柳橙核桃（核桃 10~15 顆、蜂蜜 1 大湯匙、柳橙皮 1/2 顆份）、
醃高麗菜（高麗菜 1/4 個、紅酒醋 1 大湯匙、紅酒 1/2 大湯匙、
橙汁 1/2 大湯匙、 砂糖 1/4 茶匙、EVOO 1 大湯匙）
Optional 柳橙適量

作法

1. 高麗菜去除較硬的梗後，切成絲。
2. 在大碗內把切好的高麗菜和醃料一起攪拌後，常溫放置 10~30 分鐘，醃高麗菜就完成了。
3. 在鍋內放入蜂蜜來加熱，當蜂蜜越來越濃，顏色也變成褐色時，就放入核桃和柳橙皮一起攪拌。攪拌好倒出來，放在陰涼處冷卻。如果蜂蜜變硬，要切成小塊。
4. 把醃高麗菜裝在盤子上，把煙燻鴨肉和蜂蜜核桃擺上去就完成了。

主廚小提醒

把煙燻鴨肉放在沒有油的鍋內用小火煎 3~5 分鐘，這樣可以減少鴨皮的油脂，避免攝取過多卡路里。

Pork Tenderloin and Wheat Berry Salad
里脊肉佐小麥沙拉

煮熟的小麥搭配上口感鮮嫩的里脊肉，
這是低脂肪高蛋白，還含有健康碳水化合物的營養沙拉。

材料

萊姆酒里脊肉（里脊肉 100g、白酒 1/2 杯、萊姆汁 2 大湯匙、乾迷迭香·乾牛至各 2/3 茶匙、
月桂冠葉 1 片、花椒）、小麥 1/2 杯、水 1½ 杯、萵苣 2 杯、
帕馬森起司（切成小塊）1/5 杯
Optional 蝦夷蔥 1 大湯匙

彩椒沙拉醬

彩椒 1/2 個、蘋果酒醋 1 大湯匙、洋蔥末 1/2 大湯匙、大蒜末 1/2 大湯匙、
生薑末 1/2 大湯匙、葡萄籽油 1 大湯匙、EVOO·鹽·胡椒少許

作法

1. 把彩椒對半切，並去除籽和蒂後，塗上 EVOO 並放在 250℃的烤箱內烤 30 分鐘以上，
   必須烤到表皮發黑為止。從烤箱內取出來後，用廚房紙巾包起來，並剝去表皮。跟
   剩餘的沙拉醬材料一起放入攪拌機攪拌。
2. 把白酒、萊姆汁、香草、月桂冠葉、花椒都放入鍋內煮，等水沸騰之後，再轉成小火，
   同時放入里脊肉一起煮。蓋上鍋蓋，約煮 8 分鐘，攪拌一下豬里脊肉，再煮 8 分鐘
   就可以了。把鍋內剩餘的湯頭跟小麥、水一起用小火煮 30~35 分鐘。
3. 把萵苣切成可以一口吃的大小，把里脊肉、小麥、萵苣裝盤，再淋上沙拉醬就完成了。

主廚小提醒

- 蝦夷蔥又稱為細香蔥、珠蔥，是辛香料，也可用作草藥。
- 蝦夷蔥和洋蔥或大蒜相比氣味較淡，在市場或大賣場可以購得。

substantial salads

PART 4

肚子餓的時候，
帶來飽足感的沙拉

　　減肥的時候，最希望能夠「吃到飽」。可以滿足這個慾望的就是「優質的碳水化合物」，健康的減肥秘訣也在於此。我們在這裡不只是要介紹由穀物、蔬菜、水果做出的營養沙拉，搭配低卡路里，美味又健康的濃湯，有飽足感但又不會變胖的料理。

Wilted Swiss Chard
and Pickled Chard Stem Salad
甜菜沙拉

像莙蓬菜、甘藍、甜菜根這種葉子比較厚的蔬菜經過炒或蒸煮之後,會變得軟嫩。
莙蓬菜葉子和莖用不同的料理方式,可以享用莙蓬菜各種風味和營養。

材料

莙蓬菜 15 片、大蒜末 1 茶匙、鹽‧胡椒少許、白酒醋 1/2 杯、水 1/4 杯、砂糖 1/4 杯、
小麥 1/2 杯、水 1½ 大湯匙、紅茶葡萄乾(紅茶包 1 個、葡萄乾 1/3 杯)1/3 杯

雪莉醋沙拉醬

雪莉醋或紅酒醋 1 大湯匙、檸檬汁 1/2 大湯匙、EVOO 2 大湯匙、 鹽‧胡椒少許

作法

1: 葡萄乾跟紅茶包一起放在熱水中,約浸泡 20 分鐘之後,就可以把葡萄乾取出來,再
　跟沙拉醬材料一起攪拌。
2: 把莙蓬菜的葉子和莖分開,莖要切得很小,葉子則切成適合吃的大小。
3: 在鍋內倒入油和大蒜末拌炒,加入莙蓬菜葉、鹽和胡椒來調味,拌炒 10~15 秒。
4: 在鍋內放入白醋、水、砂糖後加熱,等水沸騰之後,就把火關掉。放入莙蓬菜的莖後,
　常溫下放 10~15 分鐘,醃莙蓬菜莖就完成了。
5: 在鍋內放入小麥和水,等水沸騰之後,轉成小火續煮 30~35 分鐘。
6: 最後把炒過的莙蓬菜葉、醃莙蓬菜莖、紅茶葡萄乾、小麥裝在盤子上就完成了。

主廚小提醒

✎ 莙蓬菜又稱為茄茉菜、芥茉菜、加茉菜、跟刀菜、厚末菜、厚皮菜、牛皮菜、甜菜。
　在一般市場或超市賣可以購得。

Oat Salad with Pickled Walnut
醃核桃燕麥沙拉

燕麥吃起來非常有嚼勁，攝取低脂肪沙拉的同時，又能吃到豐富纖維質。
因此，是可以吃得飽，也是「多吃也不會變胖」的美味沙拉。

材料

燕麥 1/2 杯、水 1 ½ 杯、蔥 2~3 大湯匙、
蔓越莓 1/4 杯、醃核桃（核桃 1/2 杯、紅
酒醋 1/3 杯、巴薩米克醋 1/3 杯、水 1/3 杯、
砂糖 1/3 杯、桂皮八角丁香等五香少許）、
嫩菜葉或芝麻葉 1/2 杯

⬤ 蘋果酒蜂蜜沙拉醬

檸檬汁 1 大湯匙、蘋果酒醋 1/2 大湯匙、
EVOO 2 大湯匙、蜂蜜 1 茶匙、鹽·胡椒少許
Optional 煮熟的腰豆 少許

作法

1　在鍋內放入水和燕麥，沸騰之後，轉小火
蓋上鍋蓋續煮 40 分鐘後，放著冷卻。

2　核桃先在冰水中浸泡 10 分鐘。在鍋內放
入紅酒醋、巴薩米可醋、水、砂糖、五香
後加熱。等水沸騰後，再放入核桃，放在
常溫下冷卻，醃核桃就完成了。

3　把沙拉醬材料放在大碗內攪拌，再加入燕
麥、蔥、蔓越莓攪拌。裝盤再配上醃核桃
和嫩菜葉就完成了。

主廚小提醒

🍴　巴薩米克醋為義大利的調味品，是用葡萄醃漬而
成。可在大賣場或進口食品行購得。

Black Rice Quinoa Salad

黑米藜麥蘑菇沙拉

這是含有優質碳水化合物和豐富植物性蛋白質的營養均衡穀物沙拉，
加入松露油讓沙拉添加了菇類的風味。可以涼拌來吃，也可以做成熱食。

材料

檸檬藜麥（藜麥 1/2 杯、水 1¼ 杯、
檸檬汁 1 大湯匙）、煮熟的黑米 1/4 杯、
香菇・白玉菇等菇類 2 杯、切成細絲的紅
蘿蔔 1/4 杯、切好的毛豆、鹽・胡椒少許

🫒 檸檬松露油沙拉醬

檸檬汁 1 大湯匙、EVOO 1 大湯匙、松露
油 2 茶匙、鹽・胡椒少許

作法

1　在鍋內放入藜麥、水、檸檬汁後加熱。等
　　水沸騰，轉小火煮 30 分鐘。當水都被藜
　　麥吸收，也就煮熟了。關火攪拌一下，放
　　著冷卻。

2　黑米 1 杯配水 2½ 杯一起煮，水沸騰之後，
　　轉小火煮 20~30 分鐘。也可以用電鍋煮黑米。

3　香菇切成適合大小，在鍋內倒入油，用大
　　火快炒，並用鹽和胡椒調味。

4　把沙拉醬材料放在大碗內攪拌，加入藜
　　麥、黑米、蘑菇、紅蘿蔔、毛豆一起攪拌。
　　裝在盤子上就完成了。

111

Healthy Yummy Skinny Toast
美味健康瘦身吐司

從現在起，請忘記脂肪含量和卡路里都很高，且很甜的食物吧。
我們要介紹的是吃起來不油膩，又可以很美味，且每一口都吃得很健康的瘦身吐司。

菠菜番茄吐司

材料

菠菜 150g、烤杏仁 1/4 杯、
EVOO 3 大湯匙、大蒜 2 瓣、鹽‧胡椒少許、
巴薩米可醋 1 茶匙、小番茄 4~5 個、
橄欖 3 顆、全麥麵包 1 片

作法

1. 在滾水中加入些鹽，放入大蒜燙 1 分鐘。
2. 接著放入菠菜燙 1~2 分鐘後，跟大蒜一起撈出來放入冰水冷卻。
3. 把菠菜瀝乾後，跟大蒜、烤好的杏仁、EVOO 2 大湯匙一起攪拌磨碎。
   接著用鹽和胡椒調味後，菠菜杏仁醬就完成了。
4. 把小番茄和橄欖切成小碎塊，醋則和 EVOO 1 大湯匙一起攪拌，並用鹽和胡椒來調味。
   把全麥麵包烤脆後切片，在上面淋上菠菜杏仁醬，並擺上小番茄和橄欖就完成了。

主廚小提醒

↘ 煮菠菜瀝出來的水，不需要倒掉，還可以用於調配醬的濃度。

酪梨玉米吐司

材料

酪梨 1/2 個、萊姆汁 1 大湯匙、
優格 1~2 大湯匙、鹽・胡椒少許、
洋蔥末 3 大湯匙、全麥麵包 1 片、
罐頭玉米 1 大湯匙、芫荽葉少許

作法

1： 把酪梨磨碎後，跟萊姆汁、優格、洋蔥末一起攪拌，並用鹽和胡椒調味，萊姆酪梨醬就完成了。

2： 在烤得脆脆的全麥麵包片上塗上萊姆酪梨醬後，再擺上玉米和芫荽葉就完成了。

蘆筍佐彩椒起司優格吐司

材料

彩椒 1/2 個、巧達起司、優格 3 大湯匙、
蘆筍 3 個、檸檬汁 1/2 大湯匙、蜂蜜 1/4 茶匙、
橄欖油・鹽・胡椒少許、全麥麵包 1 片
Optional 卡宴辣椒粉 1 小搓、巴薩米可醋醬少許

作法

1： 把彩椒放在 250℃的烤箱內烤到表皮稍微變黑為止，約需要 30 分鐘以上。烤好後，用廚房紙巾包住，剝去彩椒的表皮。跟起司、優格、檸檬汁、蜂蜜一起放入攪拌機內攪拌，彩椒起司優格就做好了。

2： 蘆筍切成適合吃的大小後，跟橄欖油一起攪拌，用鹽和胡椒調味。放入 250℃的烤箱烤 3~4 分鐘。

3： 在烤得脆脆的全麥麵包上塗上彩椒起司優格後，再擺上蘆筍就完成了。

主廚小提醒

✎ 卡宴辣椒粉為墨西哥和印度料理必備的香料，可在大賣場或進口食品行購得。

花椰菜佐瑞可塔優格吐司

材料

瑞可塔起司（P.57）2 大湯匙、優格 1/2 大湯匙、
切成可以一口吃的花椰菜 1 杯、鹽‧胡椒少許、
白酒醋 1~2 大湯匙、全麥麵包 1 片

作法

1： 在油鍋內放入花椰菜快炒 1 分鐘，並用鹽和胡椒調味。再倒入醋繼續炒到水分收乾，醃花椰菜就做好了。
2： 把瑞可塔起司和優格攪拌均勻，並用鹽和胡椒調味，塗在烤得脆脆的全麥麵包上，最後再擺上醃花椰菜就完成了。

醃蘑菇佐松露羅勒醬吐司

材料

平菇或白玉菇等菇類 1 杯、
巴薩米可醋 1~2 大湯匙、
羅勒 35g、大蒜 1 瓣、松子 13g、
EVOO 2 大湯匙、松露 2 大湯匙、
鹽‧胡椒少許、全麥麵包 1 片

作法

1： 把香菇切成適合吃的大小後，放入鍋內用鹽和胡椒調味，並用大火快炒 1 分鐘。接著，倒入醋繼續炒到水分收乾，醃蘑菇就做好了。
2： 把羅勒、大蒜、松子、EVOO、松露油、鹽和胡椒，一起放入攪拌機攪拌，松露羅勒醬就做好了。
3： 把全麥麵包烤得酥脆之後，塗上松露羅勒醬，擺上醃蘑菇就完成了。

Spinach Bean Purée Soup
菠菜毛豆濃湯

這是可以直接吃到菠菜和毛豆的鮮豔綠色濃湯，請享受含有豆類健康蛋白質的美味濃湯。

材料

毛豆·碗豆等豆類 1 杯、洋蔥末 1/3 杯、
大蒜末 1 瓣、煮豆的水或水 1/2 杯、
牛奶 1/2 杯、菠菜 1 杯、鹽·胡椒少許
優格 1 大湯匙、薄荷油（P.21）1 大湯匙

作法

1. 把毛豆放入鹽水中來煮，煮熟撈出來冷卻。把煮過毛豆的水另外撈出 1/2 杯備用。

2. 在鍋內倒入油後，放入洋蔥和大蒜末炒 2~3 分鐘後，放入豆類繼續炒 3 分鐘。

3. 放入煮毛豆的湯跟牛奶一起用小火續煮 10 分鐘之後，再放入攪拌機跟瀝乾的菠菜一起攪拌。最後，用鹽和胡椒來調味。

主廚小提醒

用煮熟的豆類或罐頭豆類來使用，就可以節省烹煮的時間。

薄荷是跟綠色豆類非常搭配的香草，淋上薄荷油可以提升美味。

Cauliflwer Mushroom Soup with Truff Oil

花椰菜蘑菇湯佐松露油

即使不加奶油，也可以做出美味的濃湯。
使用松露油，就可以讓平凡的湯變得與眾不同。

材料

蘑菇 60 g、花椰菜 1/4 個（約 100g）、
洋蔥末 2 大湯匙、大蒜末 1/2 茶匙、
蔬菜湯料（P.35）或水 1/2 杯、牛奶 1/2 杯、
鹽・胡椒少許、松露油 2 大湯匙

作法

1 把蘑菇和花椰菜切成一樣的大小。
2 在鍋內倒入油後，放入大蒜末和洋蔥拌
   炒，約炒 2~3 分鐘直到洋蔥變透明。再放
   入切好的蘑菇和花椰菜，再炒 5 分鐘。
3 加入蔬菜湯料和牛奶用大火加熱後，再轉
   成小火繼續煮 10~15 分鐘。
4 花椰菜和香菇都煮熟之後，放入攪拌機來
   磨碎。用鹽和胡椒調味，再滴上松露油就
   完成了。

Tomato Bisque

番茄濃湯

這是對身體好的番茄，和健康的碳水化合物玄米做成的湯。
請享受更加美味、健康的番茄風味。

材料

洋蔥 1/4 個、紅蘿蔔 1/3 個、芹菜 1/4 株、
大蒜末 1 瓣、番茄或番茄醬 210g、月桂冠
葉 1 片、玄米 1/4 杯、牛奶 1 杯、鹽·胡椒
少許、帕馬森起司（切成小塊）1/3 杯、羅
勒葉少許。

Optional 全麥麵包 1 片

作法

1 把洋蔥、紅蘿蔔、芹菜切成差不多大小。

2 在鍋內倒入油後，放入蔥、紅蘿蔔、芹菜、
大蒜末，拌炒 5 分鐘。再放入番茄丁炒 5
分鐘。

3 放入月桂冠葉、玄米、牛奶一起煮 30 分
鐘後，把月桂冠葉撈出來，剩餘的部分放
入攪拌機攪拌，再用鹽和胡椒來調味就完
成了。

主廚小提醒

✎ 請搭配全麥麵包享用，把全麥麵包切成可以一口吃的
大小之後，稍微撒上 EVOO，並放入 250℃ 的烤箱內烤
10~15 分鐘，顏色稍微燒焦就可以。

✎ 玄米事先煮好的話，步驟 3 放入玄米只需要煮 10 分鐘。

Ginger Carrot Soup

紅蘿蔔生薑濃湯

這是一道由紅蘿蔔的甜味和生薑的辣味組合而成的濃湯。
生薑可以幫身體帶來熱氣，最適合在寒冷的秋冬享用。

材料

紅蘿蔔 2 個、洋蔥 1/4 個、芹菜 1 株、生薑末 2 茶匙、白酒 1/4 杯、蔬菜湯料（P.35）或水 1 杯

Optional 小茴香 1/2 茶匙、芫荽籽 1/4 茶匙、籽糖

作法

1. 把洋蔥、芹菜、紅蘿蔔切成差不多大小。
2. 在鍋內倒入油後，放入生薑末炒 2~3 分鐘。接著放入洋蔥、芹菜、紅蘿蔔，再炒 10 分鐘。
3. 加入白酒，稍微熬煮一下，倒入蔬菜湯料續煮 10 分鐘，直到紅蘿蔔變軟為止。煮好之後，倒入攪拌機攪拌就完成了。

主廚小提醒

✎ 可以加入籽糖讓味道變得更香甜。

籽糖作法

✎ 在鍋內倒入蜂蜜 1 大湯匙，加熱直到蜂蜜濃度變稠，顏色也稍微變褐色後，加入南瓜籽 2 大湯匙、葵花籽 1 大湯匙、檸檬皮 1/2 個攪拌。接著，從鍋內撈出來，放在陰涼處並用鹽稍微調味。如果蜂蜜變得有點硬，可以切成小塊後，擺在湯上。

Chili Con Carne
紅番椒綜合豆濃湯

這是可以同時吃到牛肉和豆類，還有番茄味道的湯，讓人一口接一口停不下來。
吃得暖、又吃得飽的高蛋白低卡路里的湯，從冷颼颼的晚秋到寒冷的冬天，
都很適合享用。

材料（2 餐量）

牛絞肉 220g、大蒜 2 瓣、番茄 3 個或番茄醬 400g、紅辣椒 1 個、洋蔥 1/3 個、
紅蘿蔔 1/3 個、番茄醬 2-3 大湯匙、牛骨湯料（P.34）2/3 杯、
腰豆・白豆・鷹嘴豆等煮熟的豆類 120g、小茴香 1 茶匙、月桂冠葉 1 片、
紅番椒粉 1 小搓、鹽・胡椒少許

Optional 辣醬油 2 茶匙、巧達起司（切成小塊）1/3 杯、全麥麵包塊少許

作法

1： 把大蒜、番茄、紅辣椒切成末，洋蔥和紅蘿蔔則切成丁。
2： 鍋內不放油直接炒牛肉，直到顏色變成褐色為止。接著，放入大蒜、洋蔥、紅蘿蔔後，再多炒 5 分鐘。
3： 加入番茄醬炒 1 分鐘，放入番茄末、紅辣椒末、牛骨湯料、豆類、小茴香、月桂冠葉後，用大火來煮。沸騰之後，轉小火續煮 20~30 分鐘，直到湯的濃度變稠。
4： 把月桂冠葉撈出來，撒上紅番椒粉，並用鹽和胡椒調味就完成了。

主廚小提醒

✎ 烹煮腰豆、白豆、鷹嘴豆的方法，請參考第 87 頁。

Corn Soup

玉米濃湯

當你想吃餅乾、蛋糕、巧克力等甜點的時候，可以用有甜味的蔬菜和玉米來滿足這個慾望。請享用甜玉米和刺激口感的辣椒組成的濃湯。

材料（2 餐量）

罐頭玉米 1 ½ 杯，洋蔥 1/4 個、大蒜 1 瓣、紅辣椒 1/3 個、
牛奶 1 杯、鹽・胡椒少許

Optional 古斯米（北非小米）1/3 杯、紅辣椒末 1 茶匙、紅番椒油（P.27）1 茶匙

作法

1： 把洋蔥、大蒜、紅辣椒切成末。
2： 在鍋內倒入油，放入洋蔥、大蒜、紅辣椒炒 2 分鐘，再放入玉米炒 3~5 分鐘。
3： 加入牛奶用小火一起熬煮 5~10 分鐘，用鹽和胡椒調味。
4： 待冷卻之後，倒入攪拌機攪拌即完成。

主廚小提醒

ᵔ 如果是用生玉米代替玉米罐頭的話，把玉米粒都剝下來的玉米芯，可以用水完全浸泡後，煮約 10 分鐘就可以做出玉米湯頭。

ᵔ 牛奶中的 1/2 杯就可以用上述玉米湯頭來代替，會讓湯變得更美味。如果是使用生玉米，比起烹煮罐頭玉米的時間，還需要多 5~10 分鐘。

ᵔ 古斯米要煮的份量跟水量是相同比例的，要煮到古斯米完全把水份吸收為止，大約需要 10~15 分鐘。

refreshing salads

PART 5

疲累的時候，
療癒心靈的爽口沙拉

水果是能為疲累的身體提供活力的重要食物，新鮮的果汁和清香的果肉吃進嘴內，可以改善勞累的身體和心靈。而且，即使是常見的水果，透過不同的料理方法可以享受到更好吃、更與眾不同的口感。可以搭配香草、起司、堅果類等材料，既能補充營養，變化也非常多樣。在這章我們要介紹的是補充活力和能量，同時又有療癒作用的水果蔬菜沙拉。

Celery Apple Salad

芹菜蘋果沙拉

蘋果和沙拉醬的甜味跟芹菜的微苦是相當完美組合，可以多多應用蘋果和芹菜這對甜蜜的組合。

材料

蘋果 1/2 個、芹菜 1 株

 薄荷油沙拉醬

蘋果酒醋 1 大湯匙、蜂蜜 1/2 大湯匙、薄荷油（P.23）1 大湯匙、EVOO1/2 大湯匙、鹽‧胡椒少許

作法

1 把蘋果和芹菜切成細絲或適合吃的大小。
2 在碗內放入薄荷沙拉醬材料充分攪拌。
3 蘋果、芹菜和沙拉醬攪拌後，裝在盤子上就完成了。

主廚小提醒

把芹菜切成薄皮後，泡在冰水中，吃起來口感就會更好。

Roasted Pears and Brussels Sprouts Salad

烤梨榛果沙拉

這是把梨烤過之後，更能品嚐到水果香甜的沙拉。
在口中慢慢融化的甜味烤梨跟酸酸的檸檬汁及榛果都很搭。

材料

西洋梨1個、小捲心菜葉1杯、榛果1/4杯、
巴薩米可醋醬2茶匙

🥄 檸檬百里香油沙拉醬

檸檬汁 1½ 茶匙、
百里香油（P.21）1½ 茶匙、鹽少許

作法

1 把小捲心菜葉一片片地撕下來，放入煮
  開的鹽水燙 1~2 分鐘，接著馬上放入冰
  水泡一下，再把水瀝乾。

2 在乾燥的鍋內放入榛果，用中火熱 5 分鐘。

3 把西洋梨橫著切成 10~12 等分。在鍋內
  倒入油，放入切好的梨，每一面約煎烤
  1~2 分鐘。

4 把小捲心菜葉、梨、榛果裝在盤子上，
  再淋上沙拉醬就完成了。

主廚小提醒

🥄 榛果也可以在 160℃的烤箱烤到變成金黃色，再放著冷卻。

Strawberry Mint Caprese
草莓薄荷卡布里沙拉

草莓和薄荷的美味組合，再配上馬自瑞拉起司就是一份非常美味的卡布里沙拉。
薄荷和羅勒的清爽口感，再配上花生糖，一次就可以品嚐到多層次味道。

材料

草莓 7~10 顆、巴薩米可醋 1 大湯匙、薄荷碎片 1 大湯匙、羅勒葉 3~4 片、
馬自瑞拉起司起司 30~40g、巴薩米可醋醬 2 茶匙

Optional 花生糖適量

作法

1. 把羅勒葉切成碎片，草莓則對半切。
2. 在大碗內放入草莓、巴薩米可醋，稍微攪拌後，撒上薄荷碎片並放置 5 分鐘。
3. 把準備好的草莓和起司裝在盤子上，再配上羅勒碎片和巴薩米可醋醬就完成了。

主廚小提醒

- 在這裡也很適合加入花生糖。在鍋內放入蜂蜜 2 大湯匙後，加熱直到蜂蜜的濃度變稠，顏色也變成褐色。接著，放入花生 1/4 杯來繼續攪拌。在蜂蜜變硬之前，撒上鹽和砂糖再次攪拌，並倒在盤子上冷卻，冷卻之後，再剝成小塊。

- Insalata Caprese 卡布里沙拉，源於義大利南部卡布里島，為義大利最有名的沙拉之一，由於匯集了紅白綠三種顏色，宛如義大利國旗，因此也有人稱他做國旗沙拉或三色沙拉！

Wine Poached Pear Salad
葡萄酒西洋梨沙拉

西洋梨和葡萄酒、香草豆一起煮熟之後，就會變得更香甜，口感也更溫和。
搭上味道完全不同的生薑花生糖，就是一份風味獨特的沙拉。

材料

西洋梨 1 個、葡萄酒醬（紅酒或白酒 1/4 杯、水 4~5 杯）、
蜂蜜 4~6 大湯匙、香草豆 1 個（香草豆莢對半切並把籽挖出來）、
生薑花生糖（花生或胡桃 40g、砂糖 2 茶匙、生薑粉 1/4 茶匙、鹽少許）

紅酒香草優格

優格 2 大湯匙、檸檬汁 1 茶匙、葡萄酒醬 2 茶匙

作法

1： 把西洋梨削皮後，對半切。
2： 把紅酒香草優格醬所有材料放入鍋內一起煮。開始沸騰之後，就把火轉小，接著放入
梨煮 10~15 分鐘，撈出來放著冷卻。
3： 冷卻之後，稍微攪拌把沉澱在底部的香草豆撈出來放置表面。加入 2 大湯匙的優格、
檸檬汁，紅酒香草優格就完成了。
4： 花生在冷水中泡 10 分鐘，取出瀝乾。加入生薑粉、砂糖攪拌，放在 300℃的烤箱內烤
10~15 分鐘。從烤箱內取出來後，稍微撒上砂糖和鹽後，放著冷卻。
5： 把梨切成適合吃的大小後，裝在盤子上，再配上生薑花生糖和優格，即可享用。

Roasted Beet and Apple Salad
烤甜菜根佐蘋果乾沙拉

這是由烤得香嫩的甜菜根和甜脆的蘋果組成的完美沙拉。
再淋上香脆蘋果乾和甜菜根優格，會讓味覺和視覺都得到滿足。

材料

甜菜根 1/2~1 個、蘋果 1 個、垂盆草 1 杯、橄欖油‧鹽少許

甜菜根優格

甜菜根汁 1 大湯匙、優格 2 大湯匙、
檸檬汁 1½ ~2 大湯匙、蜂蜜 1 茶匙、鹽少許

作法

1: 把甜菜根跟橄欖油稍微攪拌之後，並用鹽調味，用隔熱紙稍微鬆鬆地包起來。放入 180℃的烤箱內烤 50~55 分鐘，取出放著冷卻。剝去外皮之後，切成適合吃的大小。

2: 切剩的甜菜根小碎塊擠成汁，再加入優格、檸檬汁、蜂蜜，用鹽調味，甜菜根優格就完成了。

3: 把蘋果的 1/3 切成薄片後，把剩餘的 2/3 個切成適合吃的大小。

4: 在烤箱內鋪上隔熱紙，把蘋果片放進去，在 80℃的高溫下烤 30~40 分鐘，就會變成蘋果乾。

5: 把切好的蘋果、甜菜根、垂盆草裝在盤子上，再配上甜菜根優格和蘋果乾就完成了。

主廚小提醒

✎ 垂盆草可在中藥材行購得，但也可以用其它類似口味的豆瓣菜、西洋菜代替。

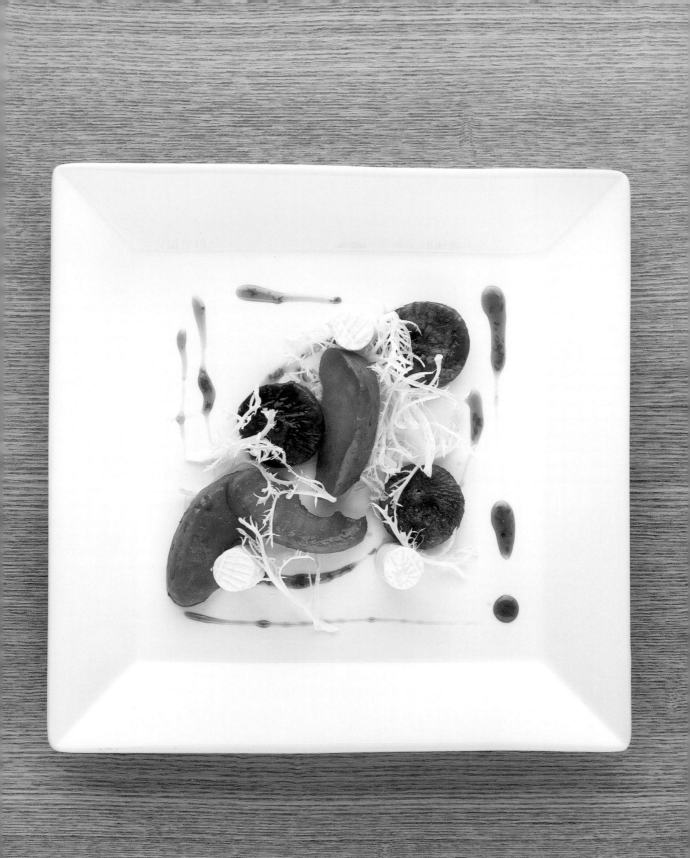

Baked Apples and Fig Salad
烤蘋果佐無花果沙拉

蘋果和無花果在烤箱內烤過之後，就會更香甜。
再配上紅酒、辣味的生薑、清淡的布利起司的話，味道會更加完美。

材料
蘋果 1 個、半乾燥的無花果 4 個、
紅酒蜂蜜（紅酒 2 大湯匙、蜂蜜 1½ 大湯匙、生薑切丁 1 茶匙、
檸檬皮 1 個份、鹽 1 小搓）、綠捲鬚萵苣 1 杯、布利起司 30~40g

紅酒巴薩米可醋醬

紅酒蜂蜜 1 大湯匙、巴薩米可醋醬 1 大湯匙

作法
1： 把蘋果和無花果切成適合一口吃的大小。
2： 在大碗內放入紅酒蜂蜜所有材料和蘋果、無花果充分攪拌。再放進 250℃的高溫下烤
8~10 分鐘，取出放著冷卻。
3： 挖出蘋果和無花果，剩餘的紅酒蜂蜜和巴薩米可醋醬一起攪拌後，就可以做出紅酒
巴薩米可醋醬。
4： 把蘋果、無花果、綠捲鬚菜、布利起司裝在盤子上，再淋上紅酒巴薩米可醋醬就完
成了。

主廚小提醒
✎ 布利起司是在起司表面人工繁殖白黴菌所製成，口感滑順清爽。也可使用家裡現有
的起司代替。

Waldorf Salad
華爾道夫沙拉

這個沙拉是紐約有名的華爾道夫酒店的一個餐廳經理在 1896 年發明的，
以這家酒店的名字來命名，風彌全美，是非常受歡迎的人氣沙拉。
蘋果和梨在產季最適合做成沙拉，甜滋滋的檸檬胡桃糖和藍色起司是完美的組合。

材料

蘋果 1/2 個，西洋梨 1/2 個、紫色高麗菜 1 顆、
菊苣 1 顆、藍起司醬 1~2 大湯匙、
核桃糖（核桃 1/2 杯、檸檬汁 1-2 茶匙、砂糖 1 大湯匙 +1 茶匙、檸檬皮 1 個份）

蘋果醋檸檬油沙拉醬

蘋果酒醋 1 大湯匙、巴薩米可醋醬 1 茶匙、檸檬油（P.25）1 大湯匙

作法

1: 在小碗內放入核桃和檸檬汁後，放置 5 分鐘，把沒有被吸收的檸檬汁倒掉。加入砂糖 1 大湯匙後，繼續攪拌。然後放入 150℃的烤箱內烤 20 分鐘，再撒上檸檬皮、砂糖 1 茶匙後，繼續在烤箱內多烤 3 分鐘，胡桃糖就做好了。

2: 把蘋果和西洋梨切成薄片，紫色高麗菜和菊苣各準備數片，在碗內放入沙拉醬材料後攪拌。

3: 把蘋果、紫色高麗菜、菊苣裝在盤子上，配上藍色起司醬和核桃糖就完成了。

Summer Panzanella
托斯卡尼甜瓜沙拉

Panzanella 是義大利托斯卡尼的料理，主要是運用麵包及剩餘材料做出的家中常備料理。這裡改良成適合夏日享用的甜瓜沙拉，含有香甜果汁的西瓜和甜瓜配上酸酸的醋和羅勒特有的香味，這是疲勞的時候，會覺得更好吃的夏季沙拉。

材料

切成可以一口吃的西瓜或甜瓜各 1 杯、紅皮洋蔥 1/4 個、
醃西瓜（西瓜皮肉 1/4 杯、巴薩米可醋 1/2 杯）1 大湯匙、
全麥麵包 1 片、菲達起司醬 1 大湯匙
Optional 切成細絲的羅勒葉 3 片

羅勒油沙拉醬

巴薩米可醋 2 大湯匙、羅勒油（P.21）11/2 大湯匙、鹽少許

作法

1： 把西瓜皮邊邊的白色果肉切成小塊（約 1/4 杯），在鍋內倒入醋，等醋沸騰之後，再放入西瓜皮肉，煮約 2 分鐘關火。放置常溫下冷卻後，醃西瓜就做好了。
2： 把沙拉醬的所有材料充分攪拌。
3： 把全麥麵包放在油鍋上烤得酥脆之後，切成可以一口吃的大小。
4： 西瓜、甜瓜、全麥麵包、洋蔥絲、醃西瓜和沙拉醬一起攪拌之後，裝在盤子上。最後，再配上菲達起司醬就完成了。

主廚小提醒

✎ 比起軟軟的麵包，口感較硬的法國長棍麵包或天然酵母麵包比較不濕潤會更適合。

Roasted Bell Pepper and Tomato Salad

烤彩椒番茄沙拉

彩椒和蕃茄在烤箱內烤過之後，就會變得很獨特的蔬菜，
特別是配上用烤蕃茄做出的沙拉醬，可以品嚐到更加濃烈香甜的蕃茄味。

材料

小番茄串 1~2 串（約 11 顆）、百里香或迷
迭香少許、小彩椒 4~5 個、酸模 1 杯、檸
檬皮 1 個份、橄欖油少許

烤番茄沙拉醬

烤小番茄串中的 4 顆、檸檬汁 1½ 大湯匙、
羅勒油（P.21）1½ 大湯匙、鹽‧胡椒少許

作法

1 把小番茄串淋上橄欖油，配上百里香或
迷迭香後，放入 250℃的烤箱內烤 5~10
分鐘。

2 挑出其中 4 顆剝去外皮壓碎，剩餘的小
番茄跟沙拉醬材料一起攪拌做成沙拉
醬。

3 彩椒對半切，去除底部和蒂，用橄欖油
稍微攪拌，放入 250℃的烤箱內，烤到表
皮稍微變黑，約烤 30 分鐘。取出後用紙
巾包好，放著冷卻，切成適合吃的大小。

4 把番茄、彩椒、酸模裝盤，配上檸檬皮
和沙拉醬就完成了。

主廚小提醒

⚑ 酸模是有點酸酸的蔬菜，可以用其他蔬菜葉代替，
⚑ 或將嫩菜葉跟檸檬汁攪拌，也有同樣風味。

Summer Veggie Saladwith Candied Pumpkin Seed

夏日鮮蔬沙拉

南瓜、 茄子、小黃瓜是夏季盛產的蔬菜，請直接品嚐當季蔬菜新鮮的味道和營養，
配上南瓜籽糖的甜味，吃起來別有一番風味。

材料

小南瓜 1/2 個、茄子 1/4 個、櫛瓜 1/4 個、
小黃瓜 1/2 個、小番茄 4~5 個、南瓜籽糖
（南瓜籽 1/3 杯、蜂蜜 1 大湯匙、鹽少許）

🟢 百里香醋沙拉醬

百里香白醋（P.33）1 大湯匙、火蔥碎片 1
茶匙、第戎芥末醬 1/2 茶匙、
百里香油（P.23）2 大湯匙、鹽·胡椒少許

作法

1. 在小碗內放入沙拉醬材料攪拌。
2. 在鍋內放入蜂蜜，加熱直到蜂蜜的濃度
   變稠和變褐色後，放入南瓜籽糖快速攪
   拌。等蜂蜜快要變硬之前，把蜂蜜倒出，
   放著冷卻。冷卻之後，就可以剝成小塊。
3. 小南瓜、茄子、櫛瓜、小黃瓜、小番茄
   都切成薄片。
4. 把切好的蔬菜薄片和南瓜籽糖一起裝
   盤，淋上沙拉醬就完成了。

Pickled Tomato Salad with Chickpeas
醃番茄佐鷹嘴豆沙拉

蕃茄醃漬過，會更加好吃。甜甜的醃蕃茄配上爽口的鷹嘴豆，
不只是美味，也是營養均衡的組合。

材料

醃番茄（番茄 1 個、玄米醋 1 杯、水 1/3 杯、砂糖 1/3 杯、
橄欖油 1 茶匙、檸檬汁 1 茶匙、胡椒‧蒜末少許）、
煮熟的鷹嘴豆 1/2 杯、小黃瓜 1/2 個、洋蔥 1/2 個、小番茄 4~5 顆、嫩菜葉 2 杯

百里香迷迭香沙拉醬

百里香白酒醋（P.33）1 大湯匙、檸檬汁 1 大湯匙、
大蒜末 1/2 茶匙、芥末籽醬 1/4 茶匙、
迷迭香油（P.21）2 大湯匙、EVOO 1 大湯匙，鹽‧胡椒少許

作法

1： 鷹嘴豆在冰水中浸泡 8 小時後，再撈出來放在鍋內。在鍋內倒入水直到鷹嘴豆都泡到水後，開始加熱。水沸騰後，轉中火煮 1 至 1 個半小時。
2： 番茄切成 5mm 的薄片，小黃瓜、洋蔥、小番茄切成薄片。
3： 把所有沙拉醬材料充分攪拌。
4： 在鍋內放入醃漬蕃茄的材料後，開始加熱，再放入切好的番茄，浸泡 10 分鐘後，放在常溫下冷卻，再放進冰箱內冷藏。
5： 把醃番茄、鷹嘴豆、小黃瓜、洋蔥、小番茄、嫩菜葉裝在盤子上，再淋上沙拉醬就完成了。

Roasted Persimmon and Beet Salad

烤柿子甜菜根沙拉

柿子和甜菜根是果肉較硬的食材，在烤箱內烤過之後，就會變得甜嫩。
請享用這道色彩鮮豔的美味沙拉。

材料

柿子1個、甜菜根1個、開心果碎片1大湯匙、
巴薩米可醋醬1大湯匙、橄欖油·鹽少許

● 檸檬沙拉醬

檸檬汁1大湯匙、檸檬皮1顆、
EVOO 1大湯匙、鹽·胡椒少許

作法

1 柿子的蒂去除之後，橫切6~8等分，並用
橄欖油攪拌後，用鹽調味。

2 把甜菜根用橄欖油稍微攪拌之後，並用鹽
調味，用隔熱紙稍微鬆鬆地包起來。

3 柿子和甜菜根放入180℃的烤箱內烤15分
鐘，把柿子先取出放著冷卻。根據甜菜根
的大小，約再多烤30分鐘。

4 將沙拉醬材料充分攪拌，用鹽和胡椒調味。

5 剝去甜菜根的外皮後，切成適合一口吃的
大小，跟柿子稍微攪拌，並裝在盤子上，
淋上開心果和巴薩米可醋醬就完成了。

Winter Citrus Salad

冬季柑橘沙拉

這道是用冬季產出的柑橘類水果做出的沙拉，橘子、柳橙、 葡萄柚、 檸檬、 萊姆等不同的味道和香氣彼此協調地融合在一起，適合在冬季享用的美味沙拉。

材料

橘子 1 個、葡萄柚 1/2 個、柳橙 1/2 個、檸檬 1/4 個、萊姆 1 小塊、菊苣或紫色高麗菜 1 顆
Optional 戈根索拉起司或藍起司 20~30g、開心果碎片適量

柑橘薄荷優格

葡萄柚汁 1/2 大湯匙、柳橙汁 1/2 大湯匙、檸檬汁 1/2 茶匙、萊姆汁 1/2 茶匙、優格 3 大湯匙、薄荷碎片 2 茶匙、蜂蜜 1/2 茶匙

作法

1 把橘子、 葡萄柚、柳橙剝皮後，取出果肉。

2 檸檬和萊姆的果肉每一瓣都切 3 等分，菊苣切成適合吃的大小。

3 在碗內倒入柑橘薄荷優格的材料攪拌。

4 把橘子、葡萄柚、柳橙、菊苣跟柑橘薄荷優格攪拌之後，裝在盤子上。搭配檸檬和萊姆就完成了。

主廚小提醒

- 戈根索拉起司和藍色起司都很適合搭配甜味水果。
- 柑橘類水果的橘絡撕掉的話，會更好吃，但如果覺得麻煩，也可以省略。

low - calorie salads

○ PART 6 ○

減肥時最適合吃的
豐盛海鮮沙拉

海鮮含有豐富的健康蛋白質和不飽和脂肪，是美味又健康的減肥菜單中一定
需要的材料。可以用於沙拉中的各類型海鮮，透過新的料理方法來吃得更健康。

主廚設計的特別食譜，讓你減肥時也可以吃到美味及與眾不同的料理。

Walu with Yuzu Soy Sauce

醃魚肉佐柚子醬沙拉

這道是把海鮮直接用醋或柑橘類水果醃漬的料理，新鮮的海鮮和蔬菜，再配上柑橘之後，就是一道能挑起食慾的開胃菜，用簡單的方法來享受涼拌海鮮吧！

材料

白魚肉 6 片、切成小塊的小黃瓜 1 大湯匙、
切成小塊的辣椒 1/2 茶匙、切成小塊的洋蔥
1/2 茶匙、紅番椒粉少許

Optional 酪梨 1/6 ~1/4 個

⬤ 柚子醬油沙拉醬

醬油 ½ 茶匙、柚子汁或柚子濃縮汁 1 茶匙
Optional 檸檬油（P. 25）1 茶匙

作法

1. 在碗內放入醬油和柚子汁攪拌，放入生魚片浸泡 1 分鐘。

2. 把生魚片裝在盤子上，配上小黃瓜、辣椒、洋蔥。在生魚片上面撒上辣椒粉就可以享用了。

主廚小提醒

✎ 也可以試試看美味的鮪魚肚肉。酪梨是可以去除海鮮腥味的好幫手。

148

Prawn Ceviche with Lime Soy Sauce

涼拌明蝦佐萊姆醬沙拉

用萊姆和醬油醃漬過的明蝦，再配上芫荽，讓沙拉更美味。

材料

明蝦（大蝦）4隻、洋蔥絲1大湯匙、小黃瓜切片8片、黃金奇異果切片4~8片、Optional 檸檬油（P. 25）1茶匙

萊姆醬油沙拉醬

萊姆汁2大湯匙、醬油1/2茶匙、洋蔥末1大湯匙、辣椒粉少許、芫荽切碎1茶匙

作法

1 把蝦去殼和去內臟之後，放在煮開的鹽水中燙10秒。取出放入冰水中冷卻，對半切。

2 在碗內放入沙拉醬的材料攪拌，再放入燙過的蝦攪拌1分鐘。

3 再放入洋蔥和小黃瓜攪拌，裝在盤子上，擺上奇異果就完成了。

主廚小提醒

奇異果也可以用芒果、鳳梨、香瓜、木瓜等甜味水果來代替。

Scallop Ceviche with Lime Mango

涼拌干貝佐萊姆芒果沙拉

涼拌海鮮跟甜度高的水果是最好的搭配，加入柳橙和芒果的話，
可以做出爽口香甜的沙拉。

材料

干貝 6 個、柳橙汁 1 大湯匙

⬤ 萊姆芒果醬

芒果 1/2 個、萊姆汁 1 茶匙、芫荽末 1 茶匙、
生薑汁 1/4 茶匙、紅番椒粉少許、
鹽・胡椒少許

作法

1 把芒果切細碎，在碗內放入除了芒果以外
的沙拉醬材料攪拌。再加入芒果，萊姆芒
果醬就做好了。

2 把干貝洗乾淨之後，放在小碗內，撒上檸
檬汁後均勻地攪拌。

3 把干貝裝在盤子上，再淋上萊姆芒果就完
成了。

主廚小提醒

🔧 也可以把干貝切成薄片來使用。若擔
心干貝不夠新鮮，可以川燙後再食用。

Tuna Ceviche with Lime Yogurt

醃鮪魚佐萊姆優格沙拉

在這裡介紹鮪魚生魚片的不同吃法，鮪魚生魚片配上酸酸甜甜的優格，
就是一份風味獨特的海鮮沙拉。

材料

鮪魚生魚片 6 片、 萊姆汁 1 茶匙、萊姆油（P.
25） 1 茶匙、酪梨 1/4 個、香瓜 1/8 個

Optional 香瓜汁 1 茶匙

萊姆優格醬

優格 1½ 大湯匙、 萊姆皮 1 個、巴薩米可醋
1 茶匙

作法

1　在碗內放入優格、萊姆皮、巴薩米可醋攪
　　拌，萊姆優格就完成了。

2　在碗內放入鮪魚生魚片、萊姆汁、萊姆油
　　浸泡。

3　把酪梨和香瓜切成適合吃的大小。

4　把醃鮪魚、切好的酪梨和香瓜裝在盤子
　　上，並淋上萊姆優格就完成了。

主廚小提醒

把香瓜汁、萊姆汁、萊姆油跟鮪
魚生魚片一起浸泡，味道會更棒。

Baby Cuttlefih Ceviche

涼拌小章魚佐檸檬薄荷沙拉

有嚼勁的小章魚和鮮脆的芹菜，搭配香甜的鳳梨，就是一道美味的醃小章魚沙拉。
再配上清涼的薄荷，口感更清新。

材料

小章魚 4~5 隻、切成細絲的芹菜 1/5 杯、
鳳梨丁 1~2 大湯匙

Optional 切成絲的櫻桃蘿蔔

🔘 檸檬薄荷沙拉醬

檸檬汁 1 大湯匙、EVOO 1 大湯匙、
薄荷末 1 茶匙

作法

1 把小章魚洗乾淨，放入煮開的水中燙
   10~15 秒，放入冰水中冷卻。

2 在碗內放入檸檬汁、EVOO、薄荷末攪拌。

3 把小章魚和沙拉醬攪拌之後，跟芹菜、鳳
   梨一起裝在盤子上就完成了。

Seared Tuna with Zucchini Noodle

南瓜麵佐烤鮪魚沙拉

這是一道可以吃到芝麻香脆，還有柔嫩鮪魚的夢幻沙拉，
沙拉再配上芝麻油和醬油，就會更美味。口味有點鹹，可以依各人喜好調整。

材料

鮪魚肉 100g、芝麻‧黑芝麻適量、小南瓜
1/2 個、紅蘿蔔 1/3 個、小黃瓜 1/3 個、鹽‧
胡椒少許

Optional 酪梨 1/2 個

● 巴薩米可醋醬油沙拉醬

醬油 1 大湯匙、巴薩米可醋 1½ 大湯匙、
蜂蜜 2 茶匙、生薑（切成末）1/3 茶匙、
蔥末 1 大湯匙、芥花籽油 2 茶匙、芝麻油 2
茶匙、鹽‧胡椒少許

作法

1 鮪魚用鹽和胡椒調味，加入芝麻和黑芝
   麻攪拌。
2 在鍋內倒入油，放入鮪魚來煎，每一面約
   煎 50 秒。冷卻之後，切成厚度適中的鮪魚
   片。
3 在小碗內倒入所有的沙拉醬材料攪拌。
4 把南瓜和紅蘿蔔切細長，小黃瓜切小塊。
5 把切好的南瓜和紅蘿蔔裝在盤子上，在
   上面擺上鮪魚，再配上小黃瓜和沙拉醬
   就完成了。

Smoked Salmon with Apple Butter,
Lemon Chive Yogurt
煙燻鮭魚佐蘋果醬、檸檬優格

蘋果醬和檸檬蝦夷蔥優格，可以讓煙燻鮭魚的美味更明顯。
再配上蝦夷蔥的味道，料理會更爽口。

材料
煙燻鮭魚 6 片、全麥麵包 2~3 片、蘋果醬（蘋果 1 個、白酒 2~3 大湯匙）1/3 杯

檸檬蝦夷蔥優格

優格 4 大湯匙、檸檬皮 1 個份、蝦夷蔥或細蔥末 2 茶匙

作法
1: 在鍋內倒入油，放入全麥麵包烤得酥脆之後，切成可以一口吃的大小。
2: 把蘋果切成方塊，在鍋內放入白酒、蘋果，用小火煮 10 分鐘。白酒都煮乾之後，慢慢加入水後續煮，直到蘋果都煮爛。
3: 把蘋果用攪拌器磨碎，再次用小火煮，要持續攪拌才不會燒焦。 煮到水分都收乾，約需要 10~15 分鐘。
4: 在碗內放入優格、檸檬皮、蝦夷蔥末攪拌，就完成檸檬蝦夷蔥優格。
5: 在全麥麵包塗上蘋果醬，淋上檸檬蝦夷蔥優格，再擺上煙燻鮭魚就完成了。

Tuna Ceviche with Toasted Sesame Seed Oil

醃鮪魚沙拉

用風味特別的芝麻油和醬油做出「韓式醃魚」，加入礦物質豐富的菇類，
可以同時兼顧美味和營養。

材料

鮪魚背肉 100g、白玉菇 1 朵、切細的紅色洋蔥
1/4、切細的小黃瓜 6 片、鹽・胡椒少許

Optional 櫻桃蘿蔔 1 顆、酪梨 1/4 個

● 醬油芝麻油沙拉醬

醬油 1 茶匙、檸檬汁 1/2 茶匙、
芝麻油 1/2 茶匙

作法

1 在鍋內倒入油後，放入白玉菇，用鹽和胡
椒調味並稍微快炒，再用廚房紙巾吸掉多
餘的油。

2 把鮪魚肉切成小塊。

3 在大碗內放入沙拉醬的所有材料攪拌。

4 放入蘑菇、洋蔥、小黃瓜、鮪魚等，攪拌
之後，就可以裝盤。

主廚小提醒

✎ 也可以使用生魚片蓋飯的鮪魚。

Halibut Ceviche in Pomegranate Juice

醃比目魚佐石榴萊姆沙拉

請享用脂肪含量低且口感清淡的比目魚沙拉，淋上顏色豔麗的石榴汁，在視覺上也是一種享受。

材料

比目魚 6 片、紅皮洋蔥 1/6~1/4 個、切好的香瓜 7~8 片、 芫荽末 1/2 茶匙

Optional 石榴果肉 1 大湯匙

石榴萊姆沙拉醬

石榴汁 1 大湯匙、萊姆汁 1/2 大湯匙、EVOO 1 茶匙、薄荷油（P. 23） 1 茶匙

作法

1 在碗內放入石榴汁、萊姆汁、EVOO、薄荷油攪拌。接著，放入比目魚浸泡。

2 把紅皮洋蔥切成細絲。

3 把比目魚和紅皮洋蔥裝盤，再配上香瓜和芫荽，即可享用。

主廚小提醒

⚓ 也可以用木瓜代替香瓜。

Seafood Salad
海鮮沙拉

這是由各種海鮮、葡萄酒、香草一起煮得軟嫩的清爽沙拉。
沙拉醬用湯料代替，可以降低卡路里。

材料
蛤蜊・孔雀蛤・蝦・魷魚等海鮮 1 人分（約 250g）、白酒 1/2 杯、
檸檬汁 1 大湯匙、水 1/2 杯、大蒜末 1 茶匙、香芹末 1 茶匙、
番茄 1 個、洋蔥 1/4 個、菊苣或嫩菜葉 1 杯、菲達起司醬 1 大湯匙

萊姆湯料沙拉醬

萊姆汁 1½ 大湯匙、湯頭 1 大湯匙、EVOO 1 大湯匙、鹽・胡椒少許

作法
1: 把海鮮洗乾淨之後，切成適合一口吃的大小。
2: 在鍋內放入白酒、萊姆汁、水、大蒜、香芹後，開始加熱。水沸騰後轉小火，並放入蛤蜊和孔雀蛤，蓋上鍋蓋續煮 2 分鐘。
3: 接著放入蝦和魷魚，繼續多煮 5 分鐘。等海鮮都煮熟之後，放著冷卻。
4: 鍋內剩餘的湯用小火熬 1~2 分鐘，跟剩餘的沙拉醬材料一起攪拌，就可以做出萊姆湯料沙拉醬。
5: 把番茄和洋蔥切成絲及小塊，跟海鮮、菊苣一起裝在盤子上。最後，淋上菲達起司醬就完成了。

主廚小提醒
✎ 可以購買已經處理好的海鮮，這樣可以節省準備的過程，只要買回來再稍微用煮開的鹽水燙 10~30 秒就可以。

Braised Leek with Scallops in Shells
扇貝大蔥沙拉

大蔥也是很常用的沙拉食材，請享用在白酒和湯料中煮熟的大蔥和扇貝。

材料

扇貝 4 個、大蔥 2~3 根、白酒 1/4 杯、鹽‧胡椒少許
[Optional] 蒔蘿、香芹等香草末 1 茶匙

檸檬醋湯料沙拉醬

白酒或香檳醋 1/2 大湯匙、檸檬汁 1 大湯匙、
扇貝湯頭 1 大湯匙、EVOO 1 大湯匙、火蔥 1 茶匙、鹽‧胡椒少許

作法

1: 把扇貝放入 200℃ 的烤箱中烤，直到貝殼打開，約需要 8~10 分鐘，冷卻之後，去除掉內臟。

2: 用煮扇貝的湯 1 大湯匙，跟剩餘的沙拉醬材料攪拌，就可以做出檸檬醋湯料沙拉醬。

3: 剩餘的湯用來煮大蔥，把大蔥切成適合一口吃的大小後，跟湯、白酒一起放在鍋內，用鹽和胡椒調味後，蓋上鍋蓋來煮。沸騰之後，轉成小火繼續煮，直到大蔥變軟，約需要 5~10 分鐘。

4: 把大蔥和扇貝裝在盤子上，再淋上沙拉醬即完成。

Salad of Crab Meat and Avocado
蒜香鮮蝦沙拉

這是在沙拉醬和蝦子組成的料理上，再加上香脆大蒜片的沙拉。
不用炒大蒜，而是放入烤箱內烤，可以降低卡路里和含油量，口感跟用炒的很類似。

材料
生蝦 8~10 隻、大蒜 3~4 瓣、洋蔥 1/4 個、
嫩菜葉 1½ 杯、芫荽末 1 大湯匙、細蔥 1/2 大湯匙、橄欖油少許

柚子辣椒根沙拉醬

柚子濃縮液 1 大湯匙、玄米食醋 1/2 大湯匙、醬油 1/2 大湯匙、辣椒根 1/3 茶匙、
第戎芥末醬 1/4 茶匙、葡萄籽油 2 大湯匙、芝麻油 1 茶匙、鹽·胡椒少許

作法
1： 把洋蔥和大蒜切成薄片，大蒜跟橄欖油攪拌之後，放入 110 度的烤箱內烤 10 分鐘，
　　直到大蒜變脆為止，就可以做出大蒜片了。
2： 把蝦去殼及內臟之後，放入煮開的水燙 1~2 分鐘，放入冰水中冷卻。
3： 把沙拉醬材料放入攪拌機，攪拌成沙拉醬。
4： 把沙拉醬跟嫩菜葉、蝦、洋蔥絲充分攪拌。
5： 將攪拌好的蔬菜和蝦裝盤，並擺上大蒜片、芫荽、細蔥就完成了。

主廚小提醒
✎　可以再配上 2 片紫菊苣，味道稍苦的紫菊苣跟香甜的柚子辣椒根沙拉醬是完美組合。

Salad of Crab Meat and Avocado
酪梨雪蟹沙拉

海洋風味的雪蟹配上酪梨、番茄醬,是一道美味十足的沙拉,
再淋上萊姆蜂蜜優格後,會更香甜。

材料

雪蟹肉 70~80g(雪蟹 1/2 隻的份量)、酪梨 1/2 個

番茄醬

番茄丁 1/2 杯、萊姆汁 1/2 大湯匙、洋蔥末 1 大湯匙、芫荽末 1 大湯匙、
大蒜末 1 大湯匙、青辣椒末 1 大茶匙、鹽・胡椒少許

萊姆蜂蜜優格

優格 3 大湯匙、萊姆皮 1 個份量、蜂蜜 1/2 茶匙

作法

1: 在碗內放入番茄醬材料攪拌。
2: 萊姆蜂蜜優格材料也放入碗內攪拌。
3: 雪蟹肉和酪梨切成適合吃的大小後,跟番茄醬一起裝在盤子上,再淋上優格即可享用這道美味的沙拉。

Skinny Tuna Salad
瘦身鮪魚沙拉

這是用優格代替美乃滋的鮪魚沙拉，搭配簡易檸檬沙拉醬，口感不油膩且清爽。
即使吃很多，還是感覺很輕盈沒有負擔。

材料
鮪魚罐頭 100g、芹菜 1 ½ 大湯匙、蔥末 1 大湯匙、優格 1 大湯匙、檸檬汁 2 茶匙、白酒
醋 1/2 茶匙、鹽‧胡椒少許、煮熟的鵪鶉蛋 3 顆、橄欖 6 顆、洋蔥 1/5 個、奶油萵苣 1 個
Optional 小番茄 4~6 個

簡易檸檬沙拉醬

檸檬汁 1 ½ 大湯匙、EVOO 2 大湯匙、鹽‧胡椒少許

作法
1: 把鮪魚放在篩子上，用溫水把油沖洗掉，瀝乾後放在碗內。
2: 加入芹菜、蔥、優格、檸檬汁、醋攪拌，並用鹽和胡椒調味。
3: 把沙拉醬材料放入小碗內攪拌。
4: 奶油萵苣撕成適合吃的大小，鵪鶉蛋、橄欖、洋蔥切成適合吃的大小，跟鮪魚一起
　　裝在盤子上，淋上沙拉醬就完成了。

主廚小提醒
✎　也可以使用水煮鮪魚，這樣可以省略去除油脂的過程。

Poached Baby Octopus Salad
小章魚沙拉

在章魚湯料內加入豆類，不只是為了美味，也為了兼顧到蛋白質和滿足飽足感。
請一起享用透過湯料做出來的美味沙拉醬。

材料

小章魚 4~5 隻、水 6 杯、白酒或紅酒 1/2 杯、紅酒醋 1 大湯匙、胡椒粒 5 顆、
月桂冠葉 1 片、各種蔬菜 2/3 杯或蔬菜湯頭 1/2 杯、煮熟的豆類 1/2 杯、
全麥麵包 1/2 片、綠捲鬚 1/2 杯

紅酒醋湯料沙拉醬

章魚湯料 1 大湯匙、紅酒醋 1 大湯匙、EVOO 1 大湯匙

作法

1： 在鍋內放入小章魚、水、酒、醋、胡椒粒、月桂冠葉、各種蔬菜後，用小火煮 20 分鐘後，放著冷卻，再把小章魚撈出來。
2： 把煮過小章魚的水倒出 1/2 杯後，放入另一個鍋內煮到剩餘一半。倒入 1 大湯匙跟剩餘的沙拉醬材料一起攪拌成沙拉醬。接著，把豆子放進去煮 5~7 分鐘。
3： 把全麥麵包片放入油鍋內烤得酥脆後，裝在盤子上。擺上綠捲鬚、小章魚、豆子。最後，淋上沙拉醬就完成了。

主廚小提醒

✎ 鷹嘴豆、扁豆和腰豆的煮法可以參考 87 頁。

Shrimp Salad with Spicy Yogurt
鮮蝦佐辣味優格沙拉

用優格代替美乃滋，可以降低卡路里，口味也更清爽。
這是由可以刺激食慾的是拉差香甜辣椒醬、墨西哥辣椒、優格和蝦子組成的沙拉。

材料
生蝦 10 隻、小番茄 8 個、紅蘿蔔 1/3 個、墨西哥辣椒 1 個、菊苣 2 杯

辣優格

優格 4 大湯匙、是拉差香甜辣椒醬 1/2 大湯匙、檸檬汁 2 茶匙、
大蒜末 1/2 茶匙、鹽・胡椒少許
[Optional] 蜂蜜 1 茶匙、第戎芥末醬 1/2 茶匙

作法
1： 把蝦子洗乾淨後，放入煮開的鹽水中燙 2 分鐘，放入冰水中冷卻。
2： 在碗內放入辣優格材料攪拌。
3： 把小番茄、 紅蘿蔔、墨西哥辣椒、菊苣切成適合吃的大小後，跟煮熟的蝦一起裝在
盤子上，淋上辣椒醬就完成了。

主廚小提醒
✎ 是拉差香甜辣椒醬是泰國是拉差當地餐館用在海鮮菜餚的辣椒醬。可以在大賣場或
網路購得。

Sea Scallops with Brussels Sprouts
烤干貝沙拉

這道沙拉的特色是辛辣口味的洋蔥配上香甜的萊姆汁，
請搭配清淡的干貝和迷你高麗菜一起享用。

材料
干貝 4~5 個、迷你高麗菜 6 個、嫩菜葉 1 杯、鹽·胡椒少許
Optional 芫荽葉 1/3 杯

萊姆洋蔥沙拉醬

洋蔥 30g、番茄醬 1 大湯匙、牛奶 1/2 杯、義大利辣椒 1/2 個、
萊姆汁 1~2 大湯匙、鹽·胡椒少許

作法
1: 把迷你高麗菜對半切後，放入油鍋內，用鹽和胡椒調味並熱炒 3~5 分鐘。
2: 把干貝的水壓出來，用鹽和胡椒調味。在鍋內倒入油後，等油開始發熱就放入干貝，每一面約烤 2~3 分鐘，接著放著冷卻。
3: 在烤過干貝的鍋內放入洋蔥薄片，用中火炒 15 分鐘，直到變成褐色。接著，放入番茄醬多炒 2~3 分鐘。
4: 加入牛奶和義大利辣椒後，用小火煮 10 分鐘，一起倒入攪拌機磨碎。冷卻之後，加入萊姆汁、鹽和胡椒，萊姆洋蔥沙拉醬就做好了。
5: 把迷你高麗菜、干貝、嫩菜葉、沙拉醬一起裝盤就完成了。

Steamed Lobster, Grapefruit and Hazelnut Crumble

蒸龍蝦佐葡萄柚榛果醬

擁有榛果美味和香氣的果醬，和爽口的葡萄柚醬，跟龍蝦是非常搭配的。
請品嚐龍蝦豐富誘人的美味。

材料
龍蝦 1/2 隻、榛果醬（榛子 1/2 杯、全麥麵包粉 1/2 杯、榛果油或芥花籽油 1½ 茶匙、
鹽 1/3 茶匙）、葡萄柚 1½ 個、酸模 1/3 杯

葡萄柚沙拉醬

葡萄柚 2 大湯匙、葡萄柚皮 2 個份、巴薩米可醋 1~2 大湯匙、EVOO 1 茶匙、鹽少許

作法
1： 把龍蝦放在蒸籠內，根據大小不同，約蒸 10~20 分鐘。蒸好後，放在常溫下冷卻，
並剝掉蝦殼。
2： 在乾燥的鍋內放入榛果後，用中火炒 5 分鐘之後，用攪拌器攪碎。
3： 在鍋內倒入油，放入全麥麵包粉，並用中火炒5~7分鐘。接著，用廚房紙巾包住去油。
把榛果、麵包粉、榛果油、鹽一起攪拌之後，就可以做出榛果醬。
4： 把沙拉醬材料全部倒入攪拌機攪拌，把葡萄柚的外皮剝掉之後，取出果肉。
5： 把龍蝦、葡萄柚、榛果醬裝在盤子上，再配上沙拉醬和酸模就完成了。

主廚小提醒
﹨ 龍蝦大小（700~800g）的肉是最嫩最鮮美的，只要蒸約 14~15 分鐘。
﹨ 酸模（Sorrel）又稱為野菠菜，吃起來帶有酸味，而嫩葉則有檸檬的香氣，常做為沙
拉來食用。

Poached Mackerel with Citrus Crumble
低溫水煮土魠魚佐柑橘醬

低溫水煮指的是在溫度低的水中把食物煮得軟軟嫩嫩，
比起烤的土魠魚，吃起來會更清爽。
再配上柑橘醬的甘甜味，以及酸酸甜甜的沙拉醬，真是太美味了。

材料

土魠魚肉片 1 人份、柳橙 1/2 個、嫩菜葉 1 杯、低溫水煮材料（水 4 杯、蔬菜 2/3 杯、大蒜 2 瓣、
白酒 2/3 杯、白酒醋 3 大湯匙、月桂冠葉 1 片、香芹 1 株、乾百里香 1 茶匙、胡椒粒 5 顆、
鹽 1 茶匙）、柑橘醬（全麥麵包粉 1/2 杯、柳橙皮 1 個份、檸檬皮 1 個份、鹽少許）

檸檬柳橙沙拉醬

檸檬汁 1 大湯匙、柳橙汁 1 大湯匙、EVOO 1½ 大湯匙

作法

1: 在鍋內放入低溫水煮材料後，先用中火煮 30 分鐘。
2: 轉成小火之後，放入土魠魚肉片煮，直到肉變白色且不透明為止，放著冷卻。
3: 在鍋內倒入油後，放入全麥麵粉均勻地炒，接著放著冷卻。
4: 用廚房紙巾包住柳橙皮和檸檬皮來去除水分，接著加入全麥麵包粉攪拌，並用鹽來調
味，就可以做出柑橘醬了。
5: 把土魠魚肉片、柑橘醬、切成適合一口吃的柳橙、嫩菜葉裝在盤子上，再淋上沙拉醬
就完成了。

Lobster Salad with Ginger Peach Dressing

龍蝦芒果沙拉

一起享用香甜水果和鮮嫩龍蝦的清爽沙拉，也一起品嚐適合搭配海鮮的酪梨，以及加入微辣生薑的生薑核桃沙拉醬。

材料

龍蝦 1/2 隻、芒果 1/2 個、酪梨 1/2 個、蝦夷蔥末或細蔥 1 大湯匙、
核桃 5~6 粒、垂盆草少許

生薑核桃沙拉醬

核桃 1/2 個、生薑末 1 茶匙、蜂蜜 1/2~1 大湯匙、玄米醋 1½ 大湯匙

作法

1: 把龍蝦的爪子跟身體分離，拉出尾巴並去除內臟。在鍋內放入鹽水後，等鹽水沸騰，放入大爪子煮 7 分鐘、小爪子煮 5 分鐘、尾巴煮 3 分 30 秒。煮好之後，放在常溫下冷卻。把煮熟的龍蝦剝殼後，切成適合吃的大小。

2: 把酪梨和芒果切成適合一口吃的大小，核桃切小塊。

3: 在鍋內倒入油，用生薑末稍微炒過之後，放入切好的核桃和蜂蜜後，再多煮 10 分鐘。等核桃的水分收乾之後，倒入攪拌機攪拌，再加入玄米醋，生薑核桃沙拉醬就做好了。

4: 垂盆草跟沙拉醬攪拌之後，跟酪梨、芒果、龍蝦一起裝在盤子上，配上核桃和蝦夷蔥末就完成了。

when you need a reward

PART 7

主廚特製美味低卡的義大利麵、義大利燉飯和豆排

　　這一章要介紹的是讓你遠離高卡路里的健康食譜。加入很多鹽的高熱量義大利麵、義大利燉飯和豆排都是屬於「吃得時候很愉快,吃完之後會後悔的高熱量食物」,現在介紹的食譜可以稱之為「吃的時候和吃完之後都感覺很愉快的食物」。讓我們來了解同時滿足營養和健康、還有食慾的完美減肥餐吧!

Falafel, Cucumber Raita,
and Seasonal Condiments

法拉費佐小黃瓜優格 & 季節沙拉醬

法拉費是猶太人的傳統豆排，這是外面酥脆但裡面柔嫩的食物。
異國風味的法拉費基本上是搭配小黃瓜優格，但根據不同季節也有多種搭配。

材料（2 餐份）

煮熟的鷹嘴豆 2 杯、洋蔥末 2/3 杯、大蒜末 1~2 瓣、
香芹末 2 大湯匙、芫荽末 2 大湯匙、鹽 ½ 茶匙

Optional 小茴香 1/2 茶匙、 芫荽粉 1/2 茶匙、卡宴辣椒少許

小黃瓜優格

小黃瓜 ½ 個、 優格 4 大湯匙、 檸檬汁 1/2 茶匙，
拌好的芝麻 1/2 茶匙或中東芝麻醬 1 茶匙、薄荷 5 片、鹽少許

作法

1. 把鷹嘴豆放在冰水中泡 8 個小時，把豆子撈出來，放入鍋內。加水直到蓋過豆子，開始加熱。等水沸騰後，轉中火續煮 1 小時至 1 小時半。
2. 把小黃瓜的籽挖出來之後，切成丁，並跟其他材料攪拌成小黃瓜優格。
3. 鷹嘴豆跟其他材料一起用攪拌機磨碎，做成厚度適中的豆排（6 片）。
4. 在鍋內倒入油，用中火加熱，等油熱就把豆排放進去煎。每一面約煎 1~2 分鐘，直到豆排顏色變成褐色。
5. 熱騰騰的豆排配上小黃瓜優格，或是下頁介紹的其它季節醬料。

主廚小提醒

中東芝麻醬是加入鷹嘴豆泥、些許橄欖油與檸檬汁做成的，用來搭配蔬菜、肉類。可以在進口食品賣場或網路購得。

春天的洋蔥醬

材料

洋蔥 2 杯、白酒 ¼ 杯、
蜂蜜 2 大湯匙、鹽少許

作法

1. 把洋蔥切成丁。
2. 在鍋內倒入油，放入洋蔥，並用鹽調味。
3. 炒 3~5 分鐘，直到洋蔥變軟。
4. 加入白酒和蜂蜜，用中火熬 10~15 分鐘，放著冷卻即完成。

夏天的桃子醬

材料

桃子 1 個、香草豆 1/2~1 個、
白酒 1½ 杯、蜂蜜 2 大湯匙

作法

1. 把香草豆莢對半切，挖出籽，桃子則橫著切成 8 等分。
2. 在鍋內放入香草豆、白酒、蜂蜜煮開後，放入桃子浸泡 10~15 分鐘，放在常溫下冷卻，桃子醬就完成了。

主廚小提醒

✎ 也可以使用李子、油桃、杏子代替。

秋天的梨醬

材料

梨子 1 個、 白酒 1 大湯匙

Optional 桂皮粉 1/4 茶匙、荳蔻粉 1/4 茶匙、蜂蜜適量

作法

1: 把梨去籽後,切成適量的大小。

2: 跟白酒一起放入攪拌機磨碎。

3: 放入鍋內用小火煮 15~20 分鐘,直到水分收乾為止。

冬天的蘋果醬

材料

蘋果 1 個、白酒 2~3 大湯匙

Optional 桂皮粉 1/4 茶匙、荳蔻粉 1/4 茶匙

作法

1: 蘋果削皮切成丁,並跟白酒一起放入鍋內,用小火煮 10 分鐘。等白酒都煮乾,慢慢加入水續煮直到蘋果變軟為止。

2: 把蘋果放入攪拌機磨碎,再次放入鍋內,用小火煮。為了不燒焦,要持續攪拌。煮到水份收乾,約需要 10~15 分鐘。

Whole Grain Pasta with Lemon Coconut Sauce

檸檬椰子醬義大利麵

即使不使用奶油，也可以做出好吃的義大利麵。使用香濃的檸檬椰子汁醬這種白色醬可以挑起食慾。因為是使用全麥義大利麵，同時兼顧到健康、瘦身、美味。

材料

全麥義大利麵1人份、檸檬椰子汁醬（椰子汁2/3杯、檸檬皮1個份、帕馬森起司（切成小塊）1/4杯、鹽·胡椒少許

作法

1 把義大利麵放入煮開的鹽水中，煮到外面軟，中間有點半熟為止。

2 在鍋內加入椰子汁後，開始加熱。等沸騰後，轉成小火續煮3分鐘。

3 把帕馬森起司、檸檬皮、義大利麵一起攪拌。最後，用鹽和胡椒調味就完成了。

主廚小提醒

多加入檸檬皮 1/2～1 個份，就可以品嚐到檸檬的清爽口味。

Brown Rice Mushroom Risotto

白酒檸檬蘑菇燉飯

從現在起，即使吃燉飯也不需要有罪惡感，燉飯也可以做得好吃又健康。
這裡要介紹的是由美味的蘑菇、香芹，以及清爽的檸檬皮組成的好吃燉飯。

材料

玄米1杯、洋蔥丁2大湯匙、蘑菇2杯、白酒
1/4杯、水1/4杯、檸檬皮1個份、帕馬森起司
（切成小塊）2大湯匙、香芹末1茶匙、鹽‧
胡椒少許

作法

1 把玄米用高壓鍋（壓力鍋）煮熟，洋蔥
切成丁，蘑菇則切成適合吃的大小。

2 在鍋內放入蘑菇後，先用鹽調味，接著
用大火快炒。把炒好的蘑菇一半放入攪
拌機，並加入3~4杯水一起磨成泥。

3 在鍋內倒入油後，先放入洋蔥炒3分鐘，
再放入白酒和玄米，繼續炒直到白酒都
被玄米吸收，再加入水繼續攪拌直到水
都被玄米吸收。

4 加入蘑菇泥4大湯匙來調整濃度，再加
入炒好的蘑菇、檸檬皮、帕馬森起司、
香芹就完成了。

主廚小提醒

✎ 加水跟玄米一起煮的時候，要分成2~3次，
這樣才可以讓米煮得更軟。

✎ 步驟2的水也可以用蘑菇湯頭（P.35）代替。

187

Whole Grain Penne
with Ricotta Tomato Sauce
起司蕃茄醬義大利麵

這是用瑞可塔起司做出的番茄醬義大利麵，一下子就讓人迷上不亞於奶油的香濃美味。卡路里也比較低，享受美食又能兼顧身材。

材料

全麥義大利麵（斜管麵或螺旋麵）1 人份、瑞可塔起司蕃茄醬
（大蒜 1 瓣、洋蔥 1/4 個、切好的蕃茄末 1 顆或醃蕃茄 200g、瑞可塔起司 1/4 杯、
佩克里諾起司 1/3 杯）、羅勒葉 7 片、鹽·胡椒少許

作法

1. 把羅勒葉切片，大蒜和洋蔥切碎，瑞可塔起司切小塊。
2. 把義大利麵放入煮開的鹽水中煮到外面軟，中間半熟。
3. 在鍋內倒入油後，放入切碎的大蒜和洋蔥拌炒，當洋蔥變得透明時，放入番茄繼續炒，直到番茄變軟，約需要 5~7 分鐘，番茄醬就做好了。
4. 在碗內放入瑞可塔起司、佩克里諾起司、番茄醬 2 大湯匙攪拌，並且放入剩餘的番茄醬材料一起攪拌。
5. 義大麵跟醬料攪拌好後，用鹽和胡椒調味，擺上羅勒葉就完成了。

主廚小提醒

✎ 重鹽的硬質起司佩克里諾起司，也可以用帕馬森起司來代替，當然也可以使用各種家裡現有的起司代替。

Whole Grain Pasta
with Mint Yogurt Sauce
薄荷優格義大利麵

看起來像奶油，吃起來卻很爽口，也不會有負擔感。
請品嚐看看輕盈的薄荷優格醬，這是減肥菜單中一定要學會的低卡路里義大利麵。

材料

全麥義大利麵（寬麵或細扁麵）1 人份、薄荷優格醬（薄荷葉末 1/2 杯、大蒜 1 瓣、
優格 5 大湯匙、帕達諾起司（切成小塊）1 大湯匙、鹽·胡椒少許）

Optional 檸檬皮少許、蘋果薄荷少許

作法

1: 把義大利麵放入煮開的鹽水中煮到外面軟，中間半熟。
2: 把大蒜和薄荷切碎。
3: 在鍋內倒入油，放入大蒜稍微炒一下，放入薄荷拌炒，約煮 1 分鐘。
4: 再加入優格和起司繼續炒，就可以做出薄荷優格醬了。
5: 義大利麵跟醬料攪拌，用鹽和胡椒調味即完成。

主廚小提醒

🔧 重鹽的帕達諾起司跟帕馬森起司都屬於硬質起司，當然也可以使用各種家裡現有的
起司代替。

大家已經知道了
變得健康和美麗的秘訣了！

人如其食！

這是現今最能反應人們對食物意識變化的一句話。

「You are What You Eat.」

意思就是說，你吃進去什麼東西，你就會變成什麼。

吃得好的意思並不是指要吃很多美食，而是指選擇好的食物來吃，也就是人們已經開始意識到食物是跟健康有著直接關係的。但是，即使很多人知道要吃健康的食物，卻仍然沒有去執行，因為健康的食物看起來很無味和無趣。有的人認為要特地去買特殊食材做出來的料理才是健康的，所以覺得麻煩而一次也無法實踐，只知道有那樣做的必要性而已。

「You Can Do It！」

讀過這本書的你就不同了。

因為你已經從材料選擇到簡單的料理方法，都透過主廚的特製食譜中知道了。知道了原來有美味且健康的食物，而你的改變也已經開始了！

不需要依靠藥物，也不用忍受飢餓，也不需要花很多錢和下很多工夫，因為大家已經知道變得健康又美麗的秘訣了！

方法很簡單，但能夠獲得的成果卻很大。你將感受到自己身體的變化，以及幸福的未來。

請開始吧！這本書可以幫助你的！

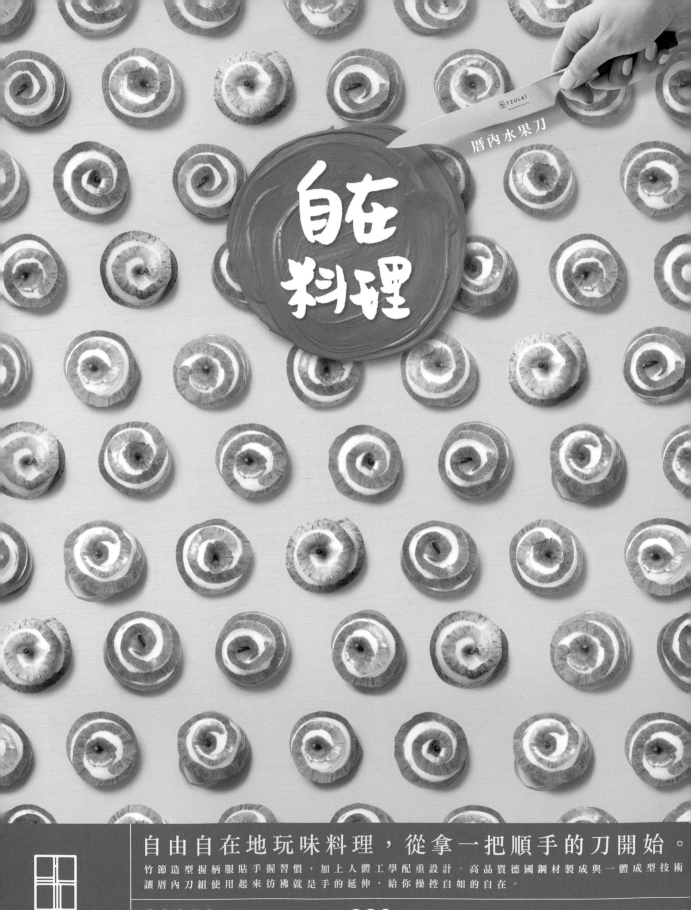

自在料理

厝內水果刀

自由自在地玩味料理，從拿一把順手的刀開始。

竹節造型握柄服貼手握習慣，加上人體工學配重設計、高品質德國鋼材製成與一體成型技術
讓厝內刀組使用起來彷彿就是手的延伸，給你操控自如的自在。

TZULAÏ
厝內

專櫃直營店 誠品生活松菸店2F 寄售點 全省誠品書店文具館 / 好丘信義店 / 好丘天母店
台南知事官邸 / 台南林百貨 / 花蓮 A Zone / 台東庫空間 網路通路 博客來網路商城 /
Pinkoi / 有設計 uDesign / 小日子享生活選
官網 www.tzulaii.com 粉絲頁 www.facebook.com/TZULAii 客服電話 +886 2-2737-0525

KOK
歐式廚房用品系列
QUALITY OF LIFE

▲ 3機能1500ml餐廚食物調理機

DIY利器
造型最簡約

您料理的好幫手，更兼顧生活的品味

廚房並非僅僅只是做料理的空間，而應該是舒適愉悅、充滿設計感，專屬於自己與家人的美好場所。簡約造型的調理工具，能讓料理變得更有趣，生活更加有品味，品質優異，實用性極佳，您絕對不能錯過的好幫手。

美味料理拍拍搗蒜器

五機能刨絲切片切菜器

美麗家居®
Casa Bella

給家，更多想像

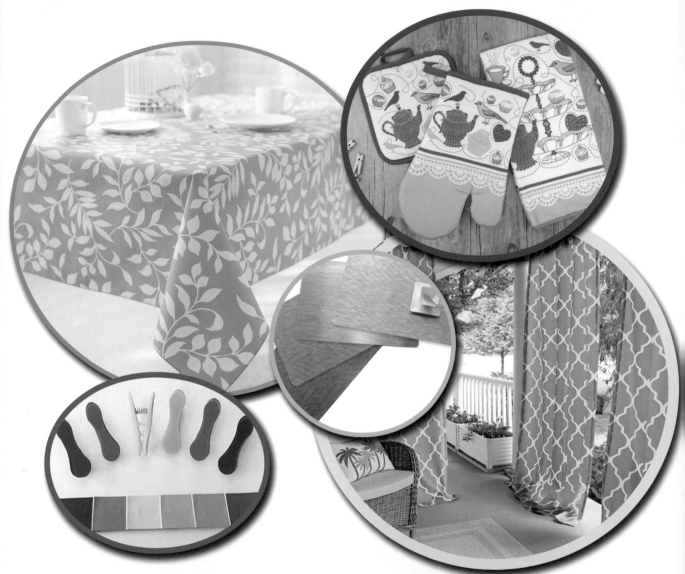

CasaBella，給家庭用品更繽紛多彩的選擇！

我們整合了國內外的設計，讓家飾充滿更多可能性！

官方購物網址：
www.casabella.com.tw
客服電話：(02)2692-7577

 CasaBella美麗家居

JIAPLUS 生活提案的編輯者

「JIA PLUS」從自有品牌JIA Inc.的品牌核心出發，以飲食與器藝為主角，從選物到服務，邀請並聚合所在的人、事、地、物，依此激盪出人文與生活的設計對話，延伸出對於家與生活的無限想像。

網路商店同步開張，結帳輸入代碼「**JIAPLUS_SALAD**」

即 可 獲 得 **500**元 現 金 抵 用 券

門市地點

台中文心店　台中店南屯區大容東街12號1樓　04-2310-8687
台北信義店　誠品信義旗艦店2樓　02-2722-2170
台北松菸店　誠品生活松菸店1樓　02-6638-8382
台北復興店　太平洋SOGO復興館8樓　02-8772-9829

500元現金抵用券使用說明及注意事項如下

| 抵用券使用期限至2016/12/31，逾期無效。
| 每筆訂單需滿3,000元(含)以上方可折抵，一次交易僅限抵用一組序號，於結帳時輸入序號使用。
| 若使用抵用券該筆交易欲進行退貨，且發生於抵用券仍可使用效期內，該筆訂單抵用券序號將予以退還，非效期內則不予退還。
| 本抵用券序號僅使用於JIA PLUS網路商店(限台灣地區使用)。
| 活動期間退換貨以原結帳價格返還，詳參閱 購物>常見問題
| JIA PLUS享有保留修改相關活動細節之權利。

Orange Taste 18

紐約米其林餐廳不外傳的豐盛美味‧瘦身沙拉

—— 簡單易學的81道健康沙拉、低卡義大利麵及燉飯

作者：張世姬

出版發行

橙實文化有限公司 CHENG SHI Publishing Co., Ltd
粉絲團 https://www.facebook.com/OrangeStylish/
MAIL: orangestylish@gmail.com

作　　者	張世姬
翻　　譯	劉小妮
總 編 輯	于筱芬　CAROL YU, Editor-in-Chief
副總編輯	謝穎昇　EASON HSIEH, Deputy Editor-in-Chief
製版／印刷／裝訂	皇甫彩藝印刷股份有限公司

贊助廠商　

編輯中心

ADD／桃園市大園區領航北路四段382-5號2樓
2F., No.382-5, Sec. 4, Linghang N. Rd., Dayuan Dist., Taoyuan City 337, Taiwan (R.O.C.)
TEL／（886）3-381-1618　FAX／（886）3-381-1620
MAIL: orangestylish@gmail.com
粉絲團 https://www.facebook.com/OrangeStylish/

全球總經銷

聯合發行股份有限公司
ADD／新北市新店區寶橋路235巷弄6弄6號2樓
TEL／（886）2-2917-8022　FAX／（886）2-2915-8614
初版日期 2020年6月

스키니 셰프의 다이어트 샐러드

Copyright©2016 by SaeHee Jung
All rights reserved.
Original Korean edition published by Booklogcompany
Chinese(complex) Translation rights arranged with Booklogcompany
Chinese(complex) Translation Copyright©2016 by CHENG SHI Publishing Co., Ltd
Through M.J. Agency, in Taipei.

all about dressing